U0168962

国家电网有限公司基建部　组编

国家电网有限公司输变电工程
标准工艺

电缆工程分册

中国电力出版社
CHINA ELECTRIC POWER PRESS

·内容提要·

为更好地适应输变电工程高质量建设及绿色建造要求，国家电网有限公司组织相关单位对原标准工艺体系进行了全面修编。将原《国家电网公司输变电工程标准工艺》（一）~（六）系列成果，按照变电工程、架空线路工程、电缆工程等专业进行系统优化、整合，单独成册。

本分册为《国家电网有限公司输变电工程标准工艺 电缆工程分册》，分为土建和电气两篇八章，土建篇包括开挖直埋电缆工程、开挖排管工程施工工艺、非开挖电缆工程、电缆沟工程、电缆隧道/综合管廊电力舱工程五章，电气篇包括高压电缆敷设施工、高压电缆附件安装和高压电缆防火、防水封堵三章。每节基本包括工艺流程、工艺标准、工艺示范、设计图例四部分内容。

本分册适用于从事电力输变电工程施工、安装、验收、监理等的工人、技术人员和管理人员使用，也可供相关专业人员参考。

图书在版编目（CIP）数据

国家电网有限公司输变电工程标准工艺. 电缆工程分册 / 国家电网有限公司基建部组编 . —北京：中国电力出版社，2022.3（2025.1重印）

ISBN 978-7-5198-6478-1

Ⅰ. ①国… Ⅱ. ①国… Ⅲ. ①输电–电力工程–技术标准–中国②变电所–电力工程–技术标准–中国③电力电缆–电力工程–技术标准–中国 Ⅳ. ①TM7-65②TM63-65

中国版本图书馆 CIP 数据核字（2022）第 016267 号

出版发行：中国电力出版社
地　　址：北京市东城区北京站西街 19 号（邮政编码 100005）
网　　址：http://www.cepp.sgcc.com.cn
责任编辑：张　瑶
责任校对：黄　蓓　于　维
装帧设计：张俊霞
责任印制：石　雷

印　　刷：廊坊书文峰档案印务有限公司
版　　次：2022 年 3 月第一版
印　　次：2025 年 1 月北京第四次印刷
开　　本：880 毫米×1230 毫米　16 开本
印　　张：8
字　　数：244 千字
印　　数：10501—11500 册
定　　价：49.00 元

《国家电网有限公司输变电工程标准工艺》

编　委　会

主　任　潘敬东

副主任　张　宁　葛兆军

成　员　白林杰　李锡成　于　雷　刘明志

　　　　姜　永　曹　伟　孙敬国　徐阿元

　　　　王之伟　黄晓尧　张明亮　袁　骏

　　　　李　俭

编　审　工　作　组

主　编　白林杰

成　员　李　明　张友富　苏朝晖　张　强

　　　　吴至复　蔡红军　王　斌　田生林

　　　　张宝栋　朱　纯　潘　勇　钟晓波

　　　　胡志华　张　涛　李世伟

前　言

输变电工程标准工艺是国家电网有限公司标准化建设成果的重要组成部分。自 2011～2016 年，国家电网公司陆续组织出版了《国家电网公司输变电工程标准工艺（一） 施工工艺示范手册》《国家电网公司输变电工程标准工艺（二） 施工工艺示范光盘》《国家电网公司输变电工程标准工艺（三） 工艺标准库》《国家电网公司输变电工程标准工艺（四） 典型施工方法》《国家电网公司输变电工程标准工艺（五） 典型施工方法演示光盘》《国家电网公司输变电工程标准工艺（六） 标准工艺设计图集》系列成果，对提升输变电工程质量工艺水平发挥了重要作用。近年来，随着输变电工程建设领域新技术、新工艺、新材料、新设备的大量应用，以及相关技术标准的更新发布，国家电网有限公司原标准工艺已不能满足实际需要，需进行系统修编，提升其先进性与适用性。

立足新发展阶段，为更好地适应输变电工程高质量建设及绿色建造要求，国家电网有限公司组织相关省电力公司、中国电力科学研究院等单位对原标准工艺体系进行了全面修编。将原《国家电网公司输变电工程标准工艺》（一）～（六）系列成果，按照变电工程、架空线路工程、电缆工程专业进行系统优化、整合，单独成册。各专业内，分别按照工艺流程、工艺标准、工艺示范、设计图例、工艺视频五个要素进行修订、完善。对继续沿用的施工工艺，依据最新技术标准进行内容更新。删除落后淘汰的施工工艺，增加使用新设备、新材料而产生的新工艺。最终呈现出一套面向输变电工程建设一线，先进适用、指导性强、操作简便、易于推广的标准工艺成果。

本分册为《国家电网有限公司输变电工程标准工艺　电缆工程分册》包括土建篇和电气篇两篇，主要框架以单位工程为"章"，按工序类别分"节"，土建篇具体划分为开挖直埋电缆工程、开挖排管工程等共 5 章 10 节，电气篇具体划分为高压电缆敷设施工、高压电缆附件安装"等共 3 章 11 节。每节分为工艺流程、工艺标准、工艺示范、设计图例四部分内容。其中"工艺流程"给出施工工艺操作流程图（关键工序以"★"标识），并对关键工序的控制进行施工要点详细说明（侧重施工过程）。"工艺标准"给出设备安装工艺应达到的标准和要求（侧重成品效果）。"工艺示范"展示出现场实物照片，直观反映关键工序施工要点和成品安装效果。"设计图例"给出 CAD 工艺设计图，对某些工艺在文字上表达不清的要求、施工图一般不给出工艺节点详图的情况加以形象说明。

本分册编写由国家电网有限公司基建部牵头，国网北京市电力公司、国网天津市电力公司、国网上海市电力公司主要参与，国家电网有限公司系统内的很多专家也提出了大量宝贵的意见和建议。本分册的出版凝聚了国家电网有限公司建设战线上广大质量管理、技术人员的心血和智慧，在此向大家付出的辛勤劳动表示衷心的感谢。

由于时间仓促和水平有限，书中难免存有不妥之处，恳请大家批评指正。

编　者

2021 年 12 月

目 录

第1篇 土 建 篇

开挖直埋电缆工程

本章适用于直埋电缆沟槽施工。

1. 工艺流程

1.1 工艺流程图

直埋电缆沟槽施工工艺流程图见图1-0-1。

1.2 关键工序控制

1.2.1 地下管线保护

（1）通过调查及走访地下管线权属单位，查阅档案馆资料并结合现场管线警示桩或走向牌等方式，了解电缆路径所经地区的地下管线或障碍物的情况。

（2）作业前联系地下管线权属单位现场核实管线情况。

（3）针对地下管线情况制订地下管线保护专项方案，并向施工人员交底。

（4）应用技术手段对电缆路径开挖区域进行实地探测，与掌握的资料一致时方可进行下一步施工。若不一致，应立即通知设计进行现场勘查，确保设计与实际一致。

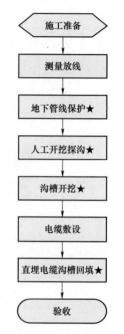

图1-0-1　直埋电缆沟槽施工
工艺流程图

1.2.2 人工开挖探沟

（1）作业前应人工开挖探沟，核实地下管线情况。

（2）对于地下管线密集区域，应增加探沟数量。

（3）探沟深度原则上应大于电缆敷设深度的1.3倍，以确保敷设的电缆与其他管线满足最小净距要求。

1.2.3 沟槽开挖

（1）沟槽开挖宜采用人工开挖配合小型机械的方法。机械挖土应严格控制标高，防止超挖或扰动地基，槽底设计标高以上200~300mm应用人工修整。

（2）开挖路面时，应将路面铺设材料和泥土分别堆置。

（3）沟槽两侧宜用硬质围栏围护，设安全警示标识，夜间设照明、警示灯，并安排专人看护。

（4）雨期施工时，应尽量缩短开槽长度，逐段、逐层分期完成，并采用措施防止雨水流入沟槽。

（5）冬期施工时，沟槽挖至基底时要及时覆盖毛毡等保温材料，以防基底受冻。

（6）在山坡地带直埋电缆，直埋电缆沟槽应挖成蛇形曲线，曲线振幅为1.5m，以减缓电缆的敷设坡度，使其最高点受拉力较小，且不易被洪水冲断。

（7）沟槽在土质松软处开挖，开挖深度达到1.2m以上时，应采取打桩、放坡等支护措施防止土层塌方。

1.2.4 直埋电缆沟槽回填

（1）电缆敷设后覆土前，应进行电缆隐蔽工程验收。验收合格后，方可进行回填。

（2）电缆周围应选择较好的土或黄沙填实，电缆上面应有不小于100mm的沙土层再覆盖盖板。盖板上方300mm处铺设防止外力损坏的警示带，然后再分层夯实至路面修复高度。

2. 工艺标准

2.1 按电缆路径开挖沟槽的要求

（1）自地面至电缆上面外皮的距离，10kV不小于0.7m，35kV不小于1m；穿越道路和农地时不小于1m。

（2）穿越城市交通道路和铁路路轨时，应满足设计规范要求并采取保护措施。

（3）在寒冷地区施工，开挖深度还应满足电缆敷设于冻土层之下，或采取穿管、沟底砌槽填沙等特殊措施。

（4）在电缆线路路径上有可能使电缆受到机械性损伤、化学腐蚀、杂散电流腐蚀、白蚁、虫鼠等危害的地段，应采取相应的外护套或适当的保护措施。

（5）开挖路面时，应将路面铺设材料和泥土分别堆置，堆土应距坑边1m以外，高度不得超过1.5m。

2.2 直埋电缆沟槽回填的要求

（1）盖板上铺设防止外力损坏的警示标识后，在电缆周围按施工图要求进行回填。

（2）回填土应分层夯实。

（3）城镇电缆直埋敷设时，沿电缆路径的直线间隔50m；城郊或空旷地带，沿电缆路径的直线间隔100m；转弯处或接头部位，应竖立明显的方位标识或标桩。

3. 工艺示范

探沟开挖及沟槽开挖见图1-0-2和图1-0-3。

图1-0-2 探沟开挖

图1-0-3 沟槽开挖

4. 设计图例

直埋电缆沟槽施工工艺图见图1-0-4。

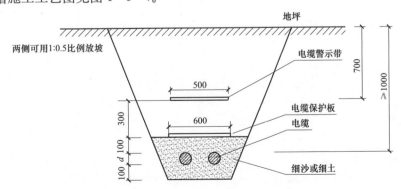

图1-0-4 直埋电缆沟槽施工工艺图

第2章

开挖排管工程

本章适用于开挖排管工程施工。

1. 工艺流程

1.1 工艺流程图

开挖排管工程施工工艺流程图见图2-0-1。

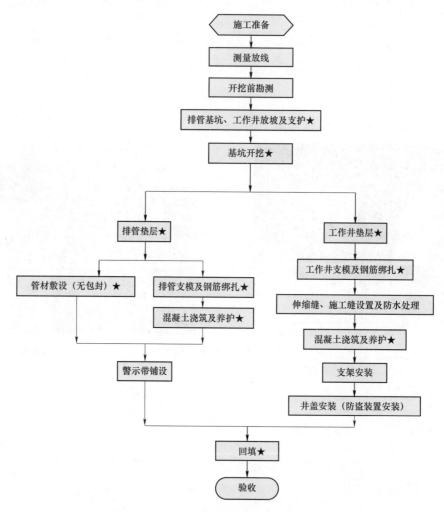

图2-0-1 开挖排管工程施工工艺流程图

1.2 关键工序控制

1.2.1 排管、工作井放坡及支护

（1）基坑周围如有其他设施或障碍物，应根据实际情况采取相应的保护措施。

（2）基坑支护应满足：基坑开挖深度小于3m的沟槽可采用横列板支护，开挖深度大于3m且不大于 5m 的沟槽宜采用钢板桩支护，支护方案按照设计图执行。钢板桩的施工方法及布桩型式应满足相关规程、规范及技术标准。

（3）若有地下水或流沙等不利地质条件，应按照设计图要求，采取降排水或换填等措施。

（4）沟槽边沿 1.0m 范围内严禁堆放土、设备或材料等，堆载高度不应大于 1.5m。

（5）特殊地段基坑支护时，应加强基坑监测，根据监测数据采取有效可靠的加固处理措施。

1.2.2 基坑开挖

（1）施工准备。复核排管中心线走向、折向控制点位置的控制线。调查临近建筑、地下工程、周边道路及有关管线等情况，并与邻近管线产权单位复核，开挖探坑以确定地下管线情况。

（2）在场地条件、地质条件允许的情况下，既可放坡开挖，也可根据排管埋深及地质条件作相应调整。

（3）基坑开挖采用机械开挖人工修槽的方法。机械挖土应严格控制标高，防止超挖或扰动地基，分层分段开挖，设有支撑的基坑须按施工设计要求及时加撑。

（4）超深开挖部分应采取换填级配、砂砾石或铺石灌浆等适当的处理措施，保证地基承载力及稳定性。

（5）冬期施工时，基坑挖至基底时要及时用塑料薄膜覆盖，并用毛毡苫盖，以防基底受冻。

（6）沟槽边沿 1.0m 范围内严禁堆放土、设备或材料等，堆载高度不应大于 1.5m。

（7）做好基坑降水工作，以防止坑壁受水浸泡造成塌方。

（8）雨期施工时，应尽量缩短开槽长度，逐段、逐层分期完成，并采用措施防止雨水流入基坑。

1.2.3 排管、工作井垫层

垫层下的地基应稳定，表面平整，垫层混凝土强度等级不应低于 C20，厚度不小于 100mm，在垫层混凝土浇筑时应保证无水施工。

1.2.4 管材铺设

（1）保证连接的管材之间笔直连接，接口不得出现错台、弯折现象，接口处采用相应的防锈、防腐、可靠的管道密封措施。

（2）所有管材必须采用管枕铺设，管枕宜采用管材配套管枕，管枕间距不宜大于 2.0m。

（3）插接式管材之间的橡皮垫任何情况下不得取消，插入式管材连接处按照图纸要求进行密封处理。可熔接管材优先采用熔接方式进行对接。

（4）管道疏通器应具有长度和硬度的要求，长度根据管材内径多种规格，长度不小于 600mm，硬度不小于 35HBa（巴氏硬度）。

1.2.5 排管、工作井支模及钢筋绑扎

（1）保护层厚度严格按照施工图执行。

（2）建议使用钢模或足够强度的木模，严禁使用土模，模板采取必要的加固措施，防止胀模，保证模板拼缝严密。

（3）工作井浇筑伸缩缝或竖向施工缝前，应凿除结合部的松动混凝土或石子，清除钢筋表面锈蚀部分。

（4）工作井水平伸缩缝处宜采用 3mm×400mm 的钢板止水带，垂直伸缩缝处宜采用带钢边的橡胶止水带。

1.2.6 混凝土浇筑及养护

（1）浇筑前应检查埋管端口是否封堵严实，必要时按照图纸要求增加密封措施，防止混凝土进入管道。

（2）检查模板、管枕、管材等有无移位，为防止漂管，严禁混凝土直接倾倒于管内，而应在下灰口处铺薄铁板，混凝土倾倒于铁板上，通过混凝土自身流动性流入管间空隙，或人工导入管间空隙。

（3）在采用插入式振捣时，应注意振捣器的有效振捣深度，振捣时必须仔细，防止管道移位。

（4）混凝土浇筑完毕后应加强养护。

1.2.7 回填

（1）对回填的土、黄沙或其他材料进行检查。回填料中不应含有建筑垃圾、树根、冻块、黏土或其他有腐蚀作用的物质。

（2）回填前，在排管本体上部铺设防止外力损坏的警示带后再按设计要求压实度回填至地面修复高度，同时要求两侧均匀回填，并根据回填深度考虑增加回填厚度，防止下沉。

2. 工艺标准

2.1 基坑开挖工艺标准

（1）排管的中心线及走向偏差不大于 20mm。

（2）排管基坑槽底开挖宽度为 $D+(a+b+c)\times 2$（D 为管道外径之和；a 为作业面宽度，常规作业面为 500mm；b 为有支撑要求时需相应增加的支撑厚度；c 为现场浇筑混凝土或钢筋混凝土管渠一侧模板的厚度）。槽底需设排水沟时，a 应适当增加；采用机械回填管道侧面时，a 需满足机械作业的宽度要求。

2.2 排管及工作井工艺标准

（1）浇筑以后不能有孔洞、蜂窝麻面、露筋等质量缺陷。

（2）排管两端端口，需要采用设计图防水要求进行封堵，防止排管中的水流入工作井内。

（3）管材必须铺设顺直，分层铺设，管材的水平及竖向间距应满足管材铺设、混凝土振捣等相关要求。根据管材直径的不同，一般水平间距为 230～280mm，竖向间距为 240～280mm。

（4）管道孔位之间的允许偏差为：同排孔间距不大于 5mm，排距不大于 20mm。

（5）管材铺设完毕后，应采用管道疏通器对管道进行检查，根据管材材料、设计要求进行通棒试通试验。

（6）工作井内支架有效接地，满足设计要求，接地电阻不大于 10Ω。

2.3 回填土工艺标准

（1）应采用自然土、黄沙或其他满足要求的回填料，回填料中不应含有建筑垃圾，或其他对混凝土有破坏或腐蚀作用的物质。

（2）回填时应夯实，回填料的夯实度应达到设计要求。

2.4 井盖安装工艺标准

（1）井盖顶面标高与路面标高一致，保持平整且安装牢固、严密。

（2）井盖的强度应满足使用环境中可能出现的最大荷载要求，且应满足防水、防振、防跳、耐老化、耐磨、耐极端气温等使用要求。

3. 工艺示范

基坑开挖测量放样、基坑开挖及围护、排管回填前、排管垫层等成品分别见图 2-0-2～图 2-0-14。

图 2-0-2 基坑开挖测量放样

图 2-0-3 基坑开挖及围护

图 2-0-4 排管回填前

图 2-0-5 排管垫层

图 2-0-6 排管本体模板及底面钢筋绑扎

图 2-0-7 排管模板及顶面钢筋绑扎

图 2-0-8 混凝土浇筑

图 2-0-9 混凝土养护

图 2-0-10 排管工作井垫层

图 2-0-11 工作井支模

图2-0-12　工作井钢筋绑扎

图2-0-13　工作井混凝土浇筑

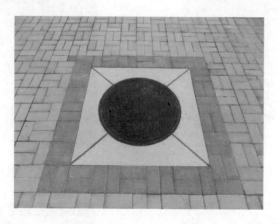

图2-0-14　井盖安装

4. 设计图例

电缆排管横断面图、直线形工井平面图、R形工井平面图、十字形工井平面图、工井接地图、电缆排管纵断面图见图2-0-15～图2-0-20。

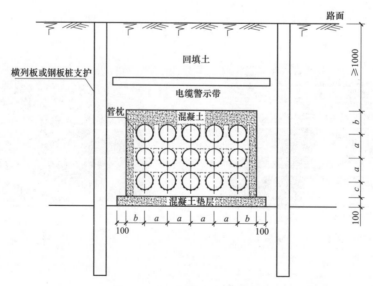

图2-0-15　电缆排管横断面图

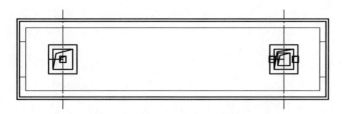

图2-0-16 直线形工井平面图

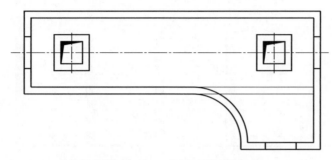

图2-0-17 R形工井平面图

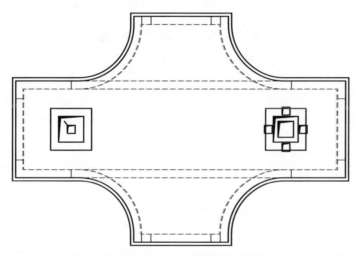

图2-0-18 十字形工井平面图

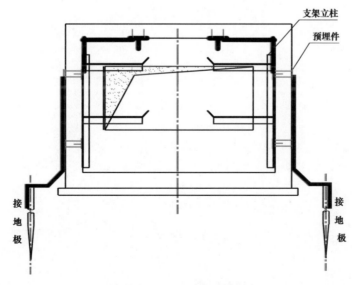

图2-0-19 工井接地图

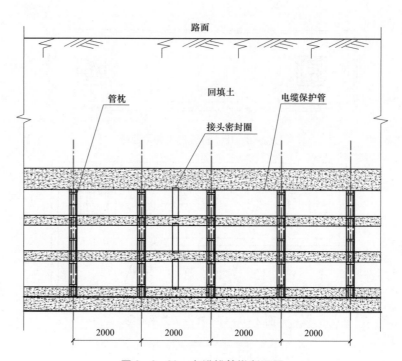

图 2-0-20　电缆排管纵断面图

第**3**章

非开挖电缆工程

第一节 非开挖拉管施工工艺

本节适用于拉管施工。

1. 工艺流程

1.1 工艺流程图

非开挖拉管施工工艺流程图见图3-1-1。

图3-1-1 非开挖拉管施工工艺流程图

1.2 关键工序控制

1.2.1 钻导向孔

（1）复核管道拟穿越地段的土层结构和分布特征、工程地质性质、管线情况及地震设防烈度等。

（2）对可能出现的岩土工程问题采取防治措施。

（3）入、出土点与拟穿越的第一个障碍物之间的距离（如道路、沟渠等），宜为3根钻杆长度。

（4）为避免由于泥浆流量太大，对周围环境造成影响，施工中要设置泥浆池并及时清理泥浆。

（5）探头装入探头盒后，标定、校准后再把导向钻头连接到钻杆上，转动钻杆测试探头发射信号是否正常，回转钻进2m后方可开始按照设计轨迹进行穿越。

（6）导向孔钻至交叉管线前应慢速钻进并复核导向孔轨迹，测算与交叉管线的距离，确认符合钻进轨迹提供的技术数据后，再恢复正常钻进。

（7）导向孔轨迹的弯曲半径应满足电缆弯曲半径及施工机械设备的钻进条件。

（8）电力管道之间，以及电力管道与各类地下管道、地下构筑物、道路、铁路、通信、树木等之间应保证运行规范要求的净空距离。

（9）导向孔钻进施工时，每2~3m应进行一次测量，宜采用测控软件进行钻孔轨迹控制，其出土点的误差应在500mm范围内。

1.2.2 扩孔施工及管线回拖

（1）成孔机械在施工前应做好可靠的地基处理，防止机械倾斜而影响成孔质量。

（2）按施工措施确定的钻进轨迹面设置标识，对地下管线交叉的地方应在地面设置明显标识。

（3）根据设计要求开挖工作坑，如不需要工作坑时，应平整场地，用地锚固定钻机，保证在钻进过程中不发生移动。

（4）钻杆后面依次连接扩孔器、分动器、管线拉头，各部位应保证可靠连接。

（5）为防止管道之间的缠绕，每孔拖管最多9孔。每孔非开挖拉管应在全线连接后一次性铺管，管材应采取防绕措施。

(6) 管线回拖时应由一人总体指挥，使回拖中各部位行动一致。钻机操作要时刻注意钻机仪表的拉力、扭矩并控制管线回拖速度，增大泥浆排量，降低泥浆压力，从而保护孔壁，保证孔内有充足的泥浆，有利于管线回拖。

(7) 管材铺设完毕后，应做好管材的疏通及封口工作，回拖施工完成后，进行注浆填充地下孔洞空隙，注浆时将注浆管孔一端封堵，注浆时间在拖管完成后 4h 内进行。

(8) 回拖管材除电缆套管外，穿越道路段每组增加 3 根 ϕ50mm 注浆花管（PVC 管，沿纵向间隔 500mm 开 ϕ10mm 的孔）。拉管结束后，为防止地面塌陷、下沉需进行土层注浆加固，利用注浆泵从注浆花管内注入水泥砂浆及粉煤灰充填地下孔洞空隙，在完成的拉管施工段采用 240mm 厚砌砖封堵，施工时的水泥，采用早强水泥，并在较高一端的上方留置排气孔。

(9) 当注浆液体到达排气孔后，封闭排气孔，继续注浆，注浆水灰比为 1:0.5，粉煤灰量现场确定，注浆压力控制在 0.15～0.25MPa，注浆时先注低一侧，然后注高一侧。

(10) 管材在施工前应注意保护，避免阳光暴晒，管材焊接应满足要求。

(11) 拉管接进工作井时应确保角度满足 2.5°，且孔位排序一致无缠绕。

2. 工艺标准

(1) 查明管道拟穿越地段的土层结构和分布特征、工程地质性质及地震设防烈度等，提供土的物理力学性能指标。

(2) 查明管道拟穿越地段的建筑基础、地下障碍物及各类管线的平面位置和走向、类型名称、埋设深度、材料和尺寸等，其中，包括已建和市政规划要求。组织相关产权单位现场核实确认，确保拉管深度范围内不得有任何管线。

(3) 地面始钻式，入、出土角一般为 6°～20°；坑内始钻式，入、出土角一般为 0°，为保证预扩孔及回拖工作的顺利进行，钻导向孔时要求每根钻杆的角度改变量最大不应超过 2°，连续 4 根钻杆的累计角度改变量应控制在 8° 以内，钻杆每节 3m。

(4) 入土段和出土段钻孔应是直线的，不应有垂直弯曲和水平弯曲，这两段直线钻孔的长度不宜小于 10m。

(5) 穿越地下土层的最小覆盖深度应大于钻孔的最终回扩直径的 6 倍。

(6) 回拖扩孔的孔径一般是拟铺管道直径的 1.2～1.5 倍。

(7) 拉管两端各留 10m 左右接进工作井。

3. 工艺示范

施工现场探物、管道连接、非开挖拉管见图 3-1-2～图 3-1-4。

图 3-1-2　施工现场探物

图 3-1-3　管道连接

图 3-1-4 非开挖拉管

4. 设计图例

拉管示意图见图 3-1-5。

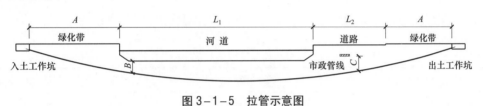

图 3-1-5 拉管示意图

第二节 非开挖顶管工程施工

本节适用于顶管工程施工。

1 工艺流程

1.1 工艺流程图

顶管工程施工工艺流程图见图 3-2-1。

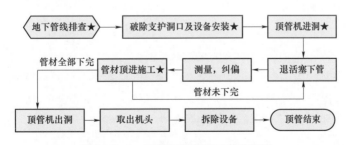

图 3-2-1 顶管工程施工工艺流程图

1.2 关键工序控制

1.2.1 地下管线排查

进场前，应对照图纸全面排查顶进段的地下管线，组织相关产权单位现场核实确认，确保顶进深度范围内不得有任何管线阻碍。

1.2.2 破除支护洞口及设备安装

工作坑内设备布置图见图 3-2-2。

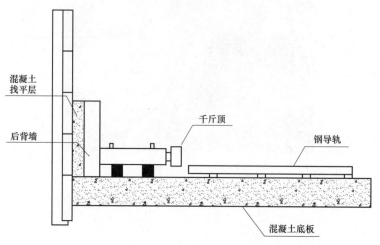

图 3-2-2 工作坑内设备布置图

（1）导轨及后背墙布置应牢固，导轨应与后背墙垂直，见表 3-2-1 和表 3-2-2。

表 3-2-1　　　　　　　　　　导轨安装检查内容及要求

检验内容	检验方法	允许偏差（mm）
轴线位置	利用全站仪检验	3
顶面高程	利用水准仪检验	0～+3
两轨内距	利用钢尺进行检验	±2

表 3-2-2　　　　　　　工作坑及装配式后座墙的施工允许偏差

项目		检验方法	允许偏差
工作坑每侧	宽度	钢尺测量	10mm
	长度		
装配式后座墙	垂直度	吊锤及水平尺	0.1%H
	水平扭转度	全站仪测量	0.1%L

注　H 为装配式后座墙的高度，m。
　　L 为装配式后座墙的长度，m。

（2）进洞洞口破除时，不得损伤工作坑止水帷幕。

（3）穿墙止水装置安装前应将洞口的杂物全部剔除，止水装置上的特制防水胶圈应与管材的外径结合，以阻止地下水或泥砂流倒进井内。

（4）管材应对照设计要求进行 100% 进场检查。

1.2.3 顶管机进洞

（1）通过降水井观测水位，检查洞口周边的降水效果是否达到要求，顶管机进出洞前，始发井和接收井的最高水位应控制在井底 2m 以下。洞口止水装置与机头外壳的环形间隙应保持均匀、密封良好、无泥浆流入。

（2）止水装置封门拆除后应立即将顶管机切入土层，避免前方土体松动和坍塌。

（3）顶管机进洞时，机头与洞口中心点应保持同心，偏差不得超过 20mm，避免水圈失去止水作用。

1.2.4 管材顶进施工

（1）顶进作业开始后，中途不能长时间停顿，原则上不得超过 30min。顶进开始时，应缓慢进行，根据土质条件宜在 10～20mm/min，待各接触部位密合后，再按正常顶进速度顶进。

（2）为预防机头上浮或下沉，应加强机头与机头后节管之间的联结，在管材与机头间加装紧固件，保证顶管机水平顶进。

（3）根据管径及承插口特点，环形顶铁应与管材配套使用，放置在千斤顶及管材之间，使管材均匀受力，保护管材接口不受顶力破坏。

（4）抽出的泥浆应经沉淀后将沉淀物用抽泥车抽走，泥水经循环管路继续送至机头前方。由于部分泥浆会流失到土体中，应在顶进过程中应按需补充泥浆。顶管机顶进示意图见图 3-2-3。

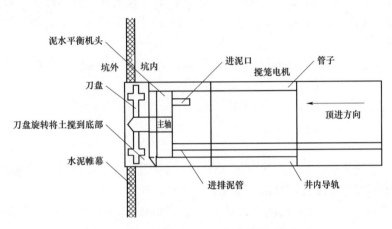

图 3-2-3 顶管机顶进示意图

（5）吊放管材至导轨上时，管外壁与导轨之间不得有空隙。管材吊放要注意插口朝向顶进方向。管材稳定好后，安装胶圈。胶圈应均匀压缩，不得扭曲、翻转，缝隙用沥青麻线抹平。顶进结束后，管节接口处用水泥砂浆将缝隙抹平。

（6）安装后的顶铁轴线应与管道轴线平行、对称，顶铁与导轨和顶铁之间的接触面不得有泥土、油污。顶铁宜采用铸钢整体浇铸或采用型钢焊接成型，当采用焊接成型时，焊缝不得高出表面，且不得脱焊。

（7）混凝土管承受的最大顶力不得超过管道设计顶力的 80%。

（8）测量采用激光经纬仪和水准仪配合进行，随时观测管头是否偏离中心线。正常顶进时每顶进 1m 时测 1 次。严禁机头大幅度纠偏造成顶进困难、管材碎裂。测量仪器选用标准可参考表 3-2-3。

表 3-2-3　　　　　　　　　　　　测 量 仪 器 选 用 标 准

测量项目	顶管长度（m）	采用仪器
方向测量	≤300	经纬仪
	300～1000	激光经纬仪
	≥1000	设置测站采用经纬仪导线法
水准测量	≤200	水准仪
	>200	水位连通器

（9）顶进过程中允许滚动偏差小于等于 1°，当超过 1° 时顶管机遥控操作者应通过切换刀盘旋转方向，进行反转纠偏。纠偏角度应保持在 10′～20′。

（10）在穿越河道时，应放慢顶速，并严格控制注浆压力，防止贯通河床。

（11）泥浆的压浆量原则上为管节外理论空隙体积的 2～3 倍，注浆压力值依据采用浆液的黏度和管路长度确定，压浆站的压力应控制在 30～50kPa。

（12）顶进过程中突遇顶力增大应降低机头转速，控制顶进速度，必要时可短时间暂停顶进，但不得超过 30min。

（13）顶进至顶管机出洞前的 3 倍管径时，应减慢顶进速度，以减少管道正面阻力对接收井外壁的挤压，导致破坏止水帷幕和降低支护强度。管道出洞后应及时封闭接收孔，防止水土流失，造成塌陷。

（14）出洞后接收顶管机时，为防止其在达到接收坑时产生"叩头"现象，可在接收坑内下部填上一些硬黏土，或者用低标号混凝土在洞内下部浇筑一块托板，把顶管机托起。

（15）顶管施工完成后，为减少地面沉降，应采用二次注浆对泥浆层进行置换固化，填充管外侧超挖、塌落等原因造成的空隙。利用现有压注触变泥浆的系统及管路进行置换固化时，顶管二次注浆水泥砂浆宜采用 1:1 配比（质量比）。

（16）顶管设备全部拆除后，应立即使用硬质材料将洞口封闭，特别是在雨季，应避免雨水从工作坑倒灌入管内。

（17）后续工序施工中应注意成品保护，不得损坏顶管出入洞口的防水装置。

2. 工艺标准

（1）导轨表面应平直光滑无毛刺，轨道高出坑底 20～30cm，固定在工作井底板上的导轨在管道顶进时不可产生位移，其整体刚度和强度应满足设计要求。

（2）装配式后背墙的底端应在工作坑底以下，不宜小于 50cm。必须满足设计强度和刚度，材质要均匀。

（3）将千斤顶构架与底板钢筋用地脚螺栓焊牢，空隙采用混凝土浇捣填实，千斤顶构架定位安装尺寸误差应控制在 2mm 以内。

（4）止水墙洞口尺寸按图纸要求施工，厚度应大于 20cm，预留孔洞比顶管机直径大 5cm，保证后续顶进时顺畅通过。

（5）千斤顶安装时固定在支架上，并与管道中心的垂线对称，其合力的作用点在管道中的中心以下 $D/10～D/8$ 的垂线上（D 为管道直径）。千斤顶最大顶力不宜大于 4500kN。

（6）顶进管道偏移量不得超出允许范围，允许偏差见表 3-2-4。

表 3-2-4　　　　　　　　　　顶进管道偏移量允许范围偏差

项目	允许偏差（mm）		检查频率
轴线位置	高程	+40、-50	每管节 1 点
	平面	±50	每管节 1 点
相邻管间错口	水平	±2	每管节 1 点
	竖直	±2	每管节 1 点

（7）顶进过程中地面沉降不得超出控制范围，控制范围见表 3-2-5。

表 3-2-5　　　　　　　　　　地面沉降控制范围

项目	允许变化范围（mm）
地面隆起的最大极限	+10
地面沉降的最大极限	-30

3. 工艺示范

顶管机就位、顶管机入洞、管材连接、管材顶进见图3-2-4~图3-2-7。

图3-2-4 顶管机就位

图3-2-5 顶管机入洞

图3-2-6 管材连接

图3-2-7 管材顶进

4. 设计图例

接缝处做法见图3-2-8，顶管横断面配筋图见图3-2-9，止水圈安装见图3-2-10。

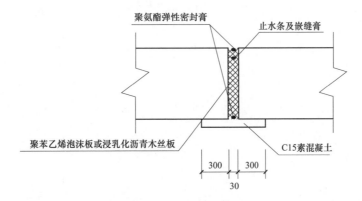

图3-2-8 接缝处做法

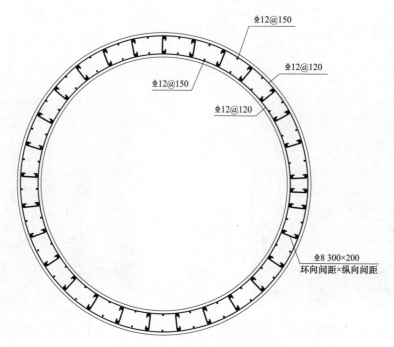

图 3-2-9　顶管横断面配筋图

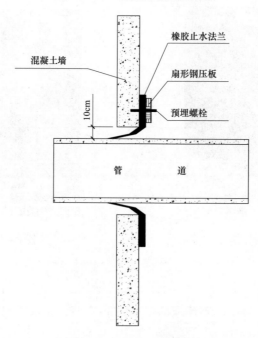

图 3-2-10　止水圈安装

第4章

电缆沟工程

本章适用于电缆沟工程施工。

1. 工艺流程

1.1 工艺流程图

电缆沟工程施工工艺流程图见图 4−0−1。

1.2 关键工序控制

1.2.1 基坑开挖

（1）复核电缆沟中心线和电缆路径转折点位置的控制线。调查临近建筑、地下工程、周边道路及有关管线等情况，并要与邻近管线产权单位复核后开挖探坑，以确定地下管线情况。

（2）在场地条件、地质条件允许的情况下，既可放坡开挖，也可根据电缆沟埋深及地质条件作相应调整。

（3）基坑开挖采用机械开挖人工修槽的方法。机械挖土应严格控制标高，防止超挖或扰动地基。分层分段开挖，设有支撑的基坑须按施工设计要求及时加撑，槽底设计标高以上 200～300mm 应用人工修整。

（4）超深开挖部分应严格按照设计文件要求采取相应的地基处理措施，保证地基承载力及稳定性。

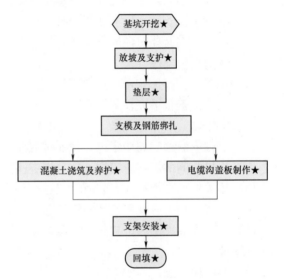

图 4−0−1　电缆沟工程施工工艺流程图

（5）沟槽边沿 1.0m 范围内严禁堆放土、设备或材料等，1.0m 以外的堆载高度不应大于 1.5m。

（6）做好基坑降水工作，以防止坑壁受水浸泡造成塌方。

（7）雨期施工时，应尽量缩短开槽长度，逐段、逐层分期完成，并采用措施防止雨水流入基坑。

（8）冬期施工时，基坑挖至基底时要及时用塑料薄膜覆盖，并用毛毡苫盖，以防基底受冻。

1.2.2 放坡及支护

（1）基坑周围如有其他设施或障碍物应根据实际情况采取相应的保护措施。

（2）基坑支护应满足以下要求，基坑开挖深度小于 3m 的沟槽可采用横列板支护，开挖深度大于 3m 且不大于 5m 的沟槽宜采用钢板桩支护，支护方案按照设计图执行。钢板桩的施工方法及布桩形式应满足相关规程、规范及技术标准。必要时，应进行深基坑的支护，确定支护桩的深度及横向支撑的大小及间距。

（3）若有地下水或流沙等不利地质条件，应按照设计图要求，根据施工实际确定采取降水处理或者换填素土。

（4）特殊地段基坑支护时，应加强基坑监测根据监测数据采取有效可靠的加固处理措施。

1.2.3 垫层

垫层下的地基应稳定，表面平整，垫层混凝土强度等级不应低于 C20，厚度不小于 100mm，在垫层混凝土浇筑时应保证无水施工。

1.2.4 支模及钢筋绑扎

（1）保护层厚度严格按照施工图执行。

（2）建议使用钢模或足够强度的木模，严禁使用土模，模板采取必要的加固措施，防止胀模，保证模板拼缝严密。

（3）电缆沟浇筑伸缩缝或竖向施工缝前，应凿除结合部的松动混凝土或石子，清除钢筋表面锈蚀部分。

（4）电缆沟水平伸缩缝处宜采用 3mm×400mm 的钢板止水带，垂直伸缩缝处宜采用带钢边的橡胶止水带。

1.2.5 混凝土浇筑及养护

（1）检查模板有无移位，严禁混凝土直接倾倒于电缆沟内，而应在下灰口处铺薄铁板，混凝土倾倒于铁板上，通过混凝土自身流动性流入电缆沟内，或人工导入电缆沟。

（2）在采用插入式振捣时，应注意振捣器的有效振捣深度。

（3）混凝土浇筑完毕后应加强养护。

（4）电缆沟内必要时还应设置排水沟道或泄水槽。

1.2.6 电缆沟盖板制作

（1）预埋的护口件宜采用热镀锌角钢。

（2）电缆沟盖板下应设置橡胶垫片。

1.2.7 支架安装

（1）支架安装前应划线定位，保证排列整齐，横平竖直。

（2）构件之间的焊缝应满焊，并且焊缝高度应满足 $t-1$ 的要求，t 为构件厚度，单位 mm。

（3）相关构件在焊接和安装后，应进行相应的防腐处理。

（4）支架、吊架必须用接地扁钢环通。

（5）支架安装完毕后，尖角应采取钝化处理。

1.2.8 回填

（1）对回填的土、黄沙或其他材料进行检查。回填料中不应含有建筑垃圾、树根、冻块、黏土或其他有腐蚀作用的物质。

（2）回填前，在排管本体上部铺设防止外力损坏的警示带后再按设计要求压实度回填至地面修复高度，同时要求两侧均匀回填，并根据回填深度考虑增加回填厚度，防止下沉。

2. 工艺标准

2.1 基坑开挖工艺标准

（1）电缆沟的中心线及走向偏差≤15mm。

（2）电缆沟基坑槽底开挖宽度为 $D+(a+b+c)×2$（D 为电缆沟外延宽度；a 为作业面宽度，常规作业面为 500mm；b 为有支撑要求时需相应增加的支撑厚度；c 为现场浇筑混凝土或钢筋混凝土管渠侧模板的厚度）。槽底需设排水沟时，a 应适当增加；采用机械回填管道侧面时，a 需满足机械作业的宽度要求。

2.2 电缆沟工艺标准

（1）浇筑以后不能有孔洞，蜂窝麻面，露筋等质量缺陷。

（2）电缆沟支架有效接地，满足设计要求，接地电阻不大于10Ω。

2.3 电缆沟盖板工艺标准

（1）盖板为钢筋混凝土预制件，其尺寸应严格配合电缆沟尺寸。

（2）表面应平整，四周宜设置预埋的护口件。

（3）一定数量的盖板上应设置供搬运、安装用的拉环。

（4）拉环宜能伸缩。

（5）电缆沟盖板间的缝隙应在 5mm 左右。

2.4 支架工艺标准

电缆支架层间允许最小距离应符合表 4-0-1 要求。

表 4-0-1 电缆支架层间允许最小距离

电缆类型	距离（mm）
控制电缆	200
35kV 单芯电缆	300
35kV 三芯电缆，110kV 及以上每层多于 1 根	350
110kV 及以上，每层 1 根	300

2.5 回填

（1）应采用自然土、黄沙或其他满足要求的回填料，回填料中不应含有建筑垃圾或其他对混凝土有破坏或腐蚀作用的物质。

（2）回填时应夯实，回填料的夯实度应达到设计要求。

3. 工艺示范

电缆沟基坑开挖、电缆沟素混凝土垫层、电缆沟墙体钢筋绑扎、滑槽运送混凝土、电缆沟混凝土浇捣、施工缝设置及防水处理、电缆沟盖板框架及配筋、电缆沟盖板成品、支架安装见图 4-0-2～图 4-0-12。

图 4-0-2 电缆沟基坑开挖

图 4-0-3 电缆沟素混凝土垫层

图 4-0-4 电缆沟墙体钢筋绑扎（一）

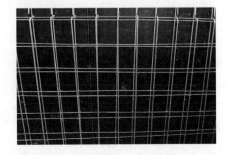

图 4-0-5 电缆沟墙体钢筋绑扎（二）

图 4-0-6　滑槽运送混凝土

图 4-0-7　电缆沟混凝土浇捣

图 4-0-8　施工缝设置及防水处理

图 4-0-9　电缆沟盖板框架及配筋

图 4-0-10　电缆沟盖板成品

图 4-0-11　支架安装（一）

图 4-0-12　支架安装（二）

4. 设计图例

电缆沟工程施工工艺见图 4-0-13～图 4-0-15。

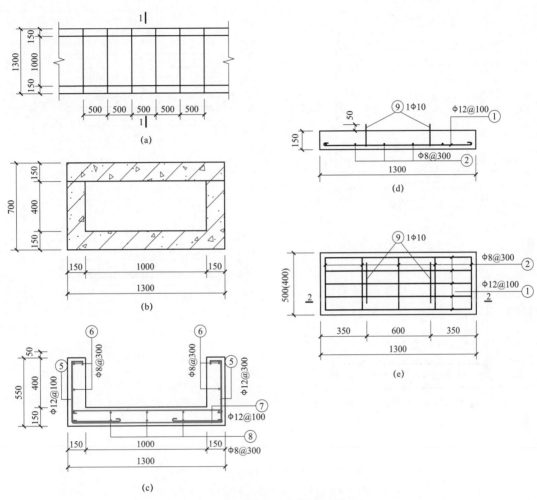

图 4-0-13 电缆沟工程施工工艺（一）
（a）直线现浇缆沟平面图；（b）1-1 现浇缆沟断面图；
（c）现浇沟槽配筋图；（d）2-2 剖面图；（e）B1 配筋图

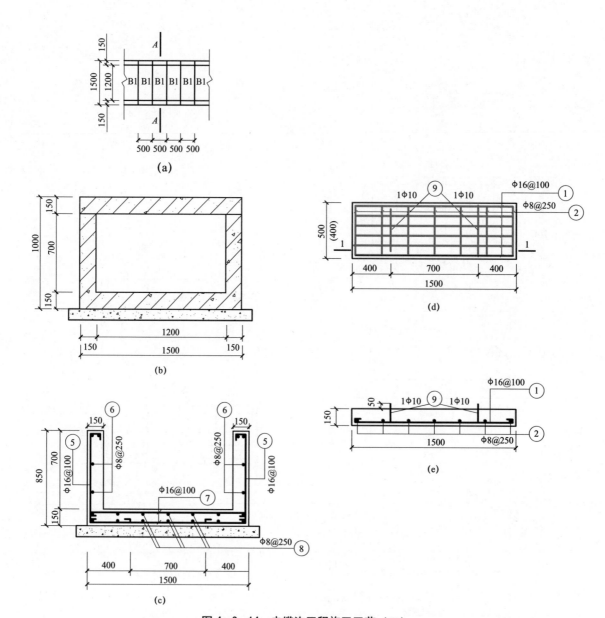

图 4-0-14　电缆沟工程施工工艺（二）

（a）直线现浇缆沟平面图；（b）A-A 剖面图；（c）沟槽配筋图；（d）B1 沟盖板配筋图；（e）1-1 剖面图

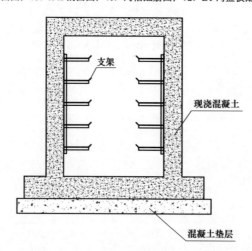

图 4-0-15　电缆沟工程施工工艺（三）

第5章

电缆隧道/综合管廊电力舱工程

第一节 电缆隧道土钉墙支护工程施工工艺

本节适用于施工线路周围外协相对简单的新建、改建、扩建明挖电缆隧道土钉墙支护工程的施工。

1. 工艺流程

1.1 工艺流程图

电缆隧道土钉墙支护工程施工工艺流程图见图5-1-1。

1.2 关键工序控制

1.2.1 施工准备

（1）认真做好实地踏勘工作，根据现场实际情况，控制好周边道路的车辆流量，清理场内障碍物，进行车辆的现场调配。

（2）施工前，根据建设方提供地下障碍物及地下管线图进行现场核查，并由建设单位组织设计单位向施工、监理等单位进行施工图设计文件交底，必要时可组织各管线管理单位参与交底会。

（3）应进行边坡稳定性计算确定坡度和土钉墙支护参数。深度一般不得超过12m，地下水丰富或冬期施工不宜采取土钉墙支护方法。

（4）施工项目部进行有效组织管理，集结施工力量、组织劳动力进场，做好施工人员入场教育等工作。

（5）根据相关的设计图和施工预算，编制材料、机械设备需求量计划；签订材料供应合同，确定材料运输方案和计划；组织材料的进场和保管。

1.2.2 土方开挖

（1）开挖深度根据施工及设计规范进行确定。

（2）机械挖土作业时，边壁严禁超挖或造成边壁土体松动。及时设置土钉或喷射混凝土，基坑在水平方向的开挖也应分段进行，一般每段长10~20m。

（3）施工时遇地下水或周边雨污水管时，宜设置导流管将土体中水导出。并通过基槽内集水坑及时将水排出。

（4）严格控制标高，防止超挖或扰动地基。一般槽底宜预留200mm不挖，人工配合机械及时清理、修整。超挖部分一般采取换填级配、砂砾石或铺石灌浆等适当的处理措施，保证地基承载力符合设计要求。

（5）在基坑周边堆置土方、建筑材料或沿基坑边缘移动运输工具和其他机械设备等，宜距基坑上部

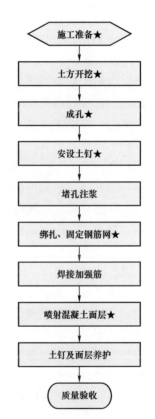

图5-1-1 电缆隧道土钉墙支护
工程施工工艺流程图

边缘不少于 0.5 倍基坑深度，弃土堆置高度不应超过 1.5m，且不能超过设计荷载值。对于侧壁土含水量丰富地段，不宜在基坑边堆置弃土或施加其他附加荷载。

（6）土钉墙按设计竖向分层，水平跳段施工，在面板未达到设计要求强度，土钉未达到设计锚固力以前，不得进行下一层深度的开挖。

1.2.3　成孔

（1）土钉成孔范围内存在地下管线等设施时应在查明其位置并避开后再进行成孔作业。

（2）应根据土层的性状选择洛阳铲、螺旋钻、冲击钻、地质钻等成孔方法。采用的成孔方法应能保证孔壁的稳定性、减小对孔壁的扰动。

（3）当成孔遇不明障碍物时应停止成孔作业，在查明障碍物的情况并采取针对性措施后方可继续成孔。

（4）对易塌孔的松散土层宜采用机械成孔工艺，成孔困难时可采用注入水泥浆等方法进行护壁。

1.2.4　安设土钉

（1）按设计图的纵向，横向尺寸及水平面夹角进行钻孔施工。采用套管跟进成孔。

（2）钻孔完成验收后，可置入钢筋，钢筋要除锈、除油，并做强度检验；土钉应设定位支架。

（3）注浆管绑扎在土钉上，注浆管端头距土钉端头约 250～500mm。预应力土钉宜在土钉端部设计长度段内，用塑料包裹土钉钢筋表面，使之形成自由段。

（4）土钉注浆采用多次注浆的方法。注浆材料宜选用水泥浆，水泥浆的水灰比为 0.45～0.55，强度等级不宜低于 M15。采用重力方法注浆填孔。为提高土钉的快速支护效果，注浆液中加入适量外加剂，掺入量由试验确定。

（5）钢筋使用前应调直并清除污锈。

（6）土钉成孔后应及时插入土钉，杆体遇塌孔、缩径时应在处理后再插入土钉杆体。

1.2.5　绑扎、固定钢筋网

（1）土钉注浆完成后，土钉端部弯钩与面层内连接相邻土钉端部弯钩的通长加强筋相互焊接。

（2）将钢筋网片固定在铺设在边坡上，要求保护层厚度不小于 20mm，网片用插入土中的 U 形钢筋固定。

（3）钢筋网片通常用 $\phi 6 \sim \phi 10$mm 热轧圆钢制成，横竖钢筋交叉处用钢丝绑扎或点焊连接，网格为正方形，钢筋网片在每级台阶坡脚处断开。

（4）钢筋网间距宜为 150～250mm，搭接长度不小于 30 倍钢筋直径。

（5）钢筋网要与加强筋连接牢固，喷射混凝土时钢筋不得晃动。

1.2.6　喷射混凝土面层

（1）施工前，清除浮石松动的岩块、岩粉、岩渣和其他堆积物。

（2）应优先选用硅酸盐水泥或普通硅酸盐水泥，其标号不宜低于 42.5，混凝土强度等级符合图纸要求，使用预拌干拌料喷射。

（3）混凝土用料称量要准确，拌和要均匀，随拌随用；不掺速凝剂时，存放时间不应超过 2h；掺速凝剂时，存放时间不应超过 20min。

（4）作业前清理受喷面，埋好控制喷射混凝厚度的标志。喷射作业应分段进行，同一分段内喷射顺序应自下而上，一次喷射混凝土厚度不宜小于 40mm。

（5）喷射时，喷头与喷面应垂直，宜保持 0.6～1.0m 的距离，射流方向应垂直指向喷射面，但在钢筋位置，应先填充钢筋后面；喷射手要控制好水灰比，保持混凝土表面平整，呈湿润光泽，无干斑或滑移流淌现象。

（6）喷射混凝土终凝 2h 后，夏季要保湿养护，冬季要覆盖薄膜和岩棉被保温养护，养护期一般连续养护 7 天。

（7）面板施工上部地面连接处 1m 范围作喷射混凝土护顶；面板深入槽底以下 200mm。

2. 工艺标准

（1）锚杆锁定力：每一典型土层中至少应有 3 个专门用于测试的非工作钉，锚杆土钉长度检查：至少应抽查 20%。

（2）砂浆强度：每批至少留取 3 组试件，给出 3 天和 28 天强度。

（3）混凝土强度：每喷射 50～100m³ 混合料或混合料小于 50m³ 的独立工程，不得少于 1 组，每组试块不得少于 3 个；材料或配合比变更时，应另做 1 组。土钉墙质量检验标准见表 5-1-1。

表 5-1-1　　　　　　　　　　　　土钉墙质量检验标准

项目	序号	检查项目	允许值域		检查方法
			单位	数值	
主控项目	1	抗拔承载力	不小于设计值		土钉抗拔试验
	2	土钉长度	不小于设计值		用钢尺量
	3	分层开挖	mm	±200	水准测量或用钢尺量
一般项目	1	土钉位置	mm	±100	用钢尺量
	2	土钉直径	不小于设计值		用钢尺量
	3	土钉倾斜度	°	≤3	测倾角
	4	水胶比	设计值		实际用水量与水泥等胶凝材料的重量比
	5	注浆量	不小于设计值		查看流量表
	6	注浆压力	设计值		检查压力表读数
	7	浆体强度	不小于设计值		试块强度
	8	钢筋网间距	mm	±30	用钢尺量
	9	土钉面层厚度	mm	±10	用钢尺量
	10	面层混凝土强度	不小于设计值		28d 试块强度

（4）土钉墙的施工偏差应符合下列要求：

1）钢筋土钉的成孔深度应大于设计深度 0.1m。

2）土钉位置的允许偏差应为 100mm。

3）土钉倾角的允许偏差应为 3°。

4）土钉杆体长度应大于设计长度。

5）钢筋网间距的允许偏差应为 ±30mm。

（5）应对土钉的抗拔承载力进行检测，抗拔试验可采用逐级加荷法，土钉的检测数量不宜少于土钉总数的 1%，且同一土层中的土钉检测数量不应少于 3 根，试验最大荷载不应小于土钉轴向拉力标准值的 1.1 倍，检测土钉应按随机抽样的原则选取，并应在土钉固结体强度达到设计强度的 70% 后进行试验。

（6）土钉墙面层喷射混凝土应进行现场试块强度试验，每 500m² 喷射混凝土面积试验数量，不应少于一组，每组试块不应少于 3 个。

（7）应对土钉墙的喷射混凝土面层厚度进行检测，每 500m² 喷射混凝土面积检测数量不应少于一组，每组的检测点不应少于 3 个，全部检测点的面层厚度平均值不应小于厚度设计值，最小厚度不应小于厚度设计值的 80%。

（8）锚喷支护质量验收应符合以下标准：

1）喷射混凝土表面应平整，其平均起伏差应满足设计要求；

2）喷射混凝土所用原材料及混合料的检查应遵守下列规定：① 水泥和外加剂均应有厂方的合格证，水泥品质应符合设计要求检查数量：每 200t 水泥取样一组；② 每批材料到达工地后应进行质量检查，合格方可使用。

3. 工艺示范

土钉、成孔、喷射混凝土、注浆、面层见图5-1-2～图5-1-6。

图5-1-2　土钉

图5-1-3　成孔

图5-1-4　喷射混凝土

图5-1-5　注浆

图5-1-6　面层

4. 设计图例

土钉分布立面图和土钉墙支护剖面图见图5-1-7和图5-1-8。

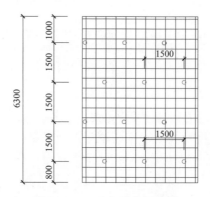

图5-1-7　土钉分布立面图

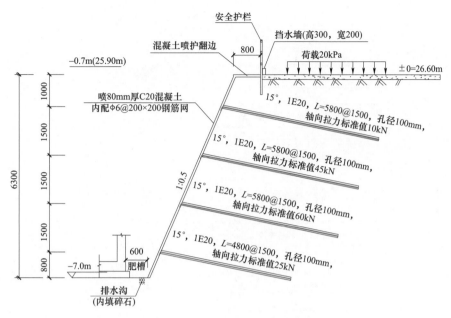

图 5-1-8 土钉墙支护剖面图

第二节 明挖电缆隧道本体工程施工工艺

本节适用于施工线路周围外协相对简单的新建、改建、扩建明挖电缆隧道本体工程的施工。

1. 工艺流程

1.1 工艺流程图

明挖电缆隧道本体工程施工工艺流程图见图 5-2-1。

1.2 关键工序控制

1.2.1 施工准备

（1）明挖电缆隧道工程的施工单位应具备相应的资质，并应建立健全质量、安全、环境管理体系。

（2）施工前应由建设单位组织设计单位向施工、监理等单位进行施工图设计文件交底，必要时可组织各管线管理单位参与交底会。

（3）明挖电缆隧道工程施工前应根据工程需要进行气象资料、交通运输、施工道路及其他环境条件；施工给水、排水、通信、供电和其他动力条件；工程材料、工程机械、主要设备和特种物资情况等方面的调查和准备。

（4）明挖电缆隧道工程施工应科学组织、合理划分施工段，宜采用先进设备和工艺进行施工。

（5）明挖电缆隧道工程施工前应制定适宜的环境保护措施，严禁使用国家和地方明令禁止使用的产品和材料。

（6）对进入施工现场的建筑材料、构配件等应按相关标准要求进行复验；设备及工器具应按相关要求进行验收。

（7）明挖电缆隧道工程应加强施工过程质量控制，各分项工程应按照施工技术标准进行质量控制，分项工程完成后，应进行验收；所有隐蔽工程应进行隐蔽验收；未经验收或验收不合格不得进行下道工序施工。

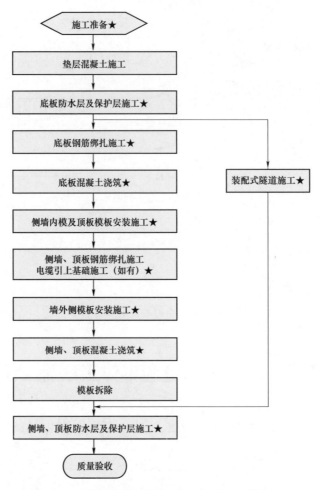

图 5-2-1 明挖电缆隧道本体工程施工工艺流程图

1.2.2 钢筋（含底板、侧墙及顶板）绑扎施工

（1）钢筋进场时，应检查产品质量合格证明文件，并应按现行国家标准的有关规定抽取试件对屈服强度、抗拉强度、延伸率、弯曲性能和重量偏差进行检验，检验结果应符合标准的有关规定。

（2）钢筋加工前应将表面清理干净。表面有颗粒状、片状老锈或有损伤的钢筋不得使用。钢筋应一次弯折到位。

（3）钢筋的连接方式应符合设计要求，宜采用焊接连接或机械连接，接头设置符合国家现行有关标准的规定。

（4）钢筋安装应采取水平和竖向定位钢筋，控制钢筋的间距。

（5）根据设计图要求的钢筋间距确定底板钢筋位置。

（6）基础底板下层钢筋按底板钢筋受力情况，确定主受力筋方向（设计无指定时，一般为短跨方向）。下层钢筋先铺主受力筋，再铺另一方向钢筋；上层钢筋在马镫筋上先铺设纵向钢筋，再铺设横向钢筋，绑扎牢固。底板钢筋型号按设计图施工。

（7）钢筋绑扎可采用八字扣，绑扎牢固。

（8）受力钢筋直径大于或等于18mm时，宜采用机械连接，小于18mm时可采用绑扎连接或焊接，搭接长度及接头位置应符合设计及规范要求。

（9）根据弹好的墙体位置线，将深入基础底板的插筋绑扎牢固，锚固深度应符合设计要求，其上部绑扎两道以上水平筋和水平梯形架立筋，其下部伸入基础底板部分在钢筋交叉处内部绑扎水平筋，以确保墙体插筋垂直，不移位。

（10）先绑侧墙钢筋，再绑顶板钢筋。先里后外，在顶板模板上画好分格线。

（11）侧墙双排钢筋之间可设 F 形定位筋或梯子筋，F 形定位筋间距不宜大于 1.5m，梯子筋用于侧墙和顶板，间距按设计要求绑扎。

1.2.3　模板（含侧墙、顶板）安装施工

（1）模板及支架应满足工程结构和构件的形状、尺寸及位置的要求，安装时应进行测量放线。

（2）模板和混凝土接触面应清理干净，并涂刷脱模剂。

（3）模板安装时，模板拼接处安装海绵条，减少漏浆。

（4）模板外侧纵向方木一般通长设置，横向采用双钢管并用对拉螺栓与模板连成一体。对拉螺栓间距不宜大于 450mm×600mm。钢管接头处错开 1～2m。

（5）隧道支撑体系水平支撑一般不少于 3 道：底部、中部及上部各设一道。支撑端部用可调 U 形顶托与模板顶紧。支撑体系建议采用盘扣式脚手架或碗扣式脚手架。

（6）侧墙对拉螺栓位置应正确、紧固适宜。端头、变形缝处模板支撑必须加密，以保证稳定。侧墙对拉螺栓中间应有止水片。

（7）模板铺装尽量采用大块模板，减少拼缝。方木双面抛光，保证模板体系不易发生变形。

（8）钢筋铺装前，必须对内模尺寸、支撑进行检查，对尺寸不符合要求的进行调整，确保侧墙垂直度符合要求。

（9）模板拆除应先支后拆，后支先拆，先拆非承重模板，后拆承重模板，并应从上而下进行拆除。

（10）非承重侧模应在混凝土强度能保证结构表面及棱角不受损坏时方可拆除，混凝土强度宜为 2.5MPa 及以上。隧道内承重模板、支架的拆除，应符合设计要求，当设计无要求时，应符合表 5-2-1 规定。

表 5-2-1　　　　　　　　　　　承重模架拆除时的混凝土强度要求

结构类型	构件跨度 L（m）	按设计的混凝土立方体抗压强度标准值的百分率（%）
板	$L \leqslant 2$	$\geqslant 50$
	$2 < L \leqslant 8$	$\geqslant 75$
	$L > 8$	$\geqslant 100$
悬臂构件		$\geqslant 100$

1.2.4　混凝土（含底板、侧墙及顶板）浇筑

（1）混凝土的强度等级、抗渗等级、耐久性等应符合设计要求。

（2）混凝土水平运输宜采用混凝土罐车，垂直运输采用泵车或溜槽，混凝土入模温度应不低于 5℃、不高于 35℃。

（3）在风雨或炎热天气运输混凝土时，容器上应加遮盖，以防雨水浸入或蒸发。夏季高温时，混凝土砂、石、水应有降温措施。冬期运输要采取保温措施，确保入模温度。

（4）混凝土运输与入模应连续浇筑，混凝土浇筑过程中不得发生离析。

（5）混凝土浇筑与振捣：电力隧道一般以结构设计变形缝为界跳仓施工，每仓分两次浇筑完成，第一次浇筑底板；第二次浇筑侧墙和顶板。

（6）混凝土自料斗口下落的自由倾落高度一般不应超过 2m，如超过 2m 时必须采取措施，采用增设软管或串筒等方法。

（7）使用插入式振捣器应快插慢拔，插点要均匀排列，逐点移动，振捣密实。移动间距不应大于振捣棒作用半径的 1.5 倍（一般不大于 500mm），每一振点的延续时间以表面呈现浮浆为准，振捣上一层时应插入下层 50mm 左右，以消除两层间的接缝。

（8）混凝土浇筑后应及时进行保湿养护，保湿养护可采用洒水、覆盖、喷涂养护剂等方式，养护方式及养护时间应符合设计和国家现行有关标准的规定。

（9）施工缝的留置及处理应符合下列规定：

1）底板或顶板应连续浇筑，不得留置施工缝。墙体不得留置垂直施工缝，墙体与顶板宜一次浇筑成型。

2）墙体水平施工缝的留置应符合设计要求。设计无要求时，墙体与底板之间的施工缝与底板上表面的距离不应小于 300mm。

3）水平施工缝应采取防水措施，外墙或有水舱室墙体宜用止水钢板防水措施，内墙宜用橡胶止水条防水措施。

4）结合面应凿毛处理，并应清除浮浆、松动石子、软弱混凝土层。

（10）混凝土拌合物工作性能检查每 100m³ 不应少于 1 次。相邻两条变形缝区间的隧道结构，每次浇筑时留置的标准养护强度试件不得少于 1 组。

（11）混凝土试件留置方法和数量应按照《混凝土结构工程施工质量验收规范》（GB 50204—2015）的有关规定执行。

1.2.5　装配式隧道施工

（1）预制混凝土构件的耐久性设计应符合《混凝土结构耐久性设计标准》（GB/T 50476—2019）的有关规定。

（2）装配式电缆隧道宜采用节段预制拼装结构。当采用其他预制结构时，应对装配式电缆隧道结构的安全性、适用性和耐久性进行论证。

（3）装配式电缆隧道构件安装前，应复验合格。当构件上有裂缝且裂缝宽度超过 0.2mm 时，应进行鉴定。

（4）运输、堆放、吊装过程中应保护承插口、剪力键、钢板止水带等部位，损伤部位应在安装前进行修复。

（5）应制定预制构件运输方案，其内容包括运输时间、次序、运输路线、固定要求等成品保护措施。

（6）构件运输及吊装时，混凝土强度应符合设计要求。当设计无要求时，不应低于设计强度的 75%。

（7）构件堆放的场地应平整夯实，并应具有良好的排水措施。

（8）构件应按吊装顺序堆放，底部不得直接着地，每层构件间的垫块应上下对齐，构件的堆垛不得超过 2 层，并应采取防止堆垛倾覆的措施。

（9）装配式电缆隧道安装施工前宜进行试安装，根据试验结果及时调整完善施工方案，确定单元施工的循环施工过程。

（10）施工时应根据装配式电缆隧道的要求，控制电缆隧道安装基面平整度在 3mm 范围内。

（11）装配式电缆隧道构件应按设计位置起吊，采取措施满足其中设备的主钩位置、吊具及构件重心在竖直方向上重合；吊索与构件水平夹角不宜小于 60°，不应小于 45°；吊运过程应平稳，不应有偏斜和大幅晃动。

（12）装配式构件应按照施工方案及吊装顺序预先编号，吊装时应按照编号起吊。

（13）装配式电缆隧道构件混凝土强度必须达到设计强度 100% 时，方可进行安装连接施工。

（14）装配式电缆隧道构件之间采用紧缩装置进行连接时，宜先进行安装连接试验。装配式电缆隧道锁紧就位后，应确认锚具锁牢后再切断剩余钢绞线，节段相对回弹量不得超过 5mm；采用螺栓连接时，螺栓的材质、规格、拧紧力矩应符合《钢结构设计标准》（GB 50017—2017）和《钢结构工程施工质量验收规范》（GB 50205—2020）相关要求。锁紧完成后，应及时对连接箱进行封堵。安装完毕后，应及时对吊装孔进行防腐处理，并按设计要求进行封堵。

（15）装配式电缆隧道结构与现浇结构连接时，连接形式应符合设计要求。

1.2.6　防水层及保护层（含底板、侧墙及顶板）施工

（1）基层应坚实、干燥、干净、无起皮、无起沙。

（2）涂刷基层处理剂时，应由卷材制造商提供相容的配套产品。

（3）底板卷材防水层可空铺或点粘。侧墙采用外防外贴法时，卷材与基层黏结应紧密、牢固。

（4）采用外防外贴法铺贴卷材防水层时，应先拆除底板防水卷材的甩槎部位的临时保护措施，将卷材甩槎部位表面清理干净、修补损伤。卷材搭接长度不应小于150mm。

（5）铺贴侧墙卷材防水层时，应由下往上铺贴，并应采取防止卷材下滑的固定措施，收头部位应固定和密封。

（6）热粘法施工时，应随刮涂料随铺贴卷材，并应展平压实，搭接边应采用热熔或自粘搭接。

（7）装配式混凝土隧道拼装前，密封圈（条）和填充材料等应安装完毕。

（8）装配式隧道拼接缝防水施工应符合下列规定：

1）纵向锁紧承插接头，宜在插口端面上设置两道密封胶或在端面及工作面上分别安装密封胶圈和密封条。

2）承插式接口密封施工时，弹性橡胶密封圈、密封条等密封材料应安装在预留的沟槽中，并应环向密闭；接缝部位的空腔，应采用弹性注浆材料进行注浆封闭。

（9）密封圈（条）应紧贴混凝土基层，接头部位应采用对接，接口应紧密，一环接头不宜超过2处。

（10）密封胶施工时，密封胶嵌填应密实、连续、饱满，应与基层黏结牢固。表面应平滑，缝边应顺直，不应有气泡、孔洞、开裂、剥离等现象。

1.2.7 电缆引上基础施工

（1）电缆隧道井室施工时，电缆引上孔套管应该用非磁性材料制成的保护管，金属管管口要做胀口处理，且中间带止水环。

（2）同一井室电缆引上孔应采用全站仪定位测量，使全部引上孔在同一直线上且与方格网轴线平行。

（3）电缆引上架构基础采用现浇钢筋混凝土结构，预埋螺栓时应采用法兰盘定位。

（4）采用全站仪复核全部电缆引上孔与法兰盘中心位置，使所有孔洞中心在一条直线上。

2. 工艺标准

（1）模板尺寸合理，表面平整、光洁，拼接严密、不错台、不漏浆。

（2）模板内不应有杂物、积水或冰雪。

（3）模板与混凝土的接触面应平整、清洁。

（4）模板强度和刚度满足施工要求。保证施工中不破损、不变形。

（5）支撑应有足够的强度、刚度和稳定性。

（6）固定在模板上的预埋件和预留孔洞不得遗漏，且应安装牢固。有抗渗要求的混凝土结构中的预埋件，应采取防渗措施。混凝土结构预埋件、预留孔洞允许偏差应符合表5-2-2规定。

表5-2-2　　　　　　　　　混凝土结构预埋件、预留孔洞允许偏差

项目		允许偏差（mm）
预埋钢板中心线位置		3
预埋管、预留孔中心线位置		3
插筋	中心线位置	5
	外露长度	+10，0
预埋螺栓	中心线位置	2
	外露长度	+10，0
预留洞	中心线位置	10
	尺寸	+10，0

（6）现浇结构模板安装的尺寸允许偏差及检验方法应符合表5-2-3的规定。检查数量：在同一检验批内，按照展开面积20m²/处，占检查总数量的10%，且不应少于3处。

表5-2-3   现浇结构模板安装的允许偏差及检验方法

项目		允许偏差（mm）	检验方法
轴线位置		5	尺量
底模上表面标高		±5	水准仪或拉线、尺量
模板内部尺寸	底板导墙	±10	尺量
	壁板、梁	±5	尺量
导墙、壁板垂直度	层高≤6m	8	经纬仪或吊线、尺量
	层高>6m	10	经纬仪或吊线、尺量
相邻模板表面高差		2	尺量
表面平整度		5	2m靠尺和塞尺量测

（7）钢筋检验、试验、加工成型应符合设计规定和规范要求。

（8）工程按照抗震等级设计需要采用HRB400E、HRB500E、HRBF400E、HRBF500E时，其抗拉强度实测值与屈服强度实测值的比值不应小于1.25；屈服强度实测值与屈服强度标准值的比值不应大于1.30；最大力下总伸长率不应小于9%。

（9）现浇结构钢筋安装允许偏差及检验方法见表5-2-4。

表5-2-4   现浇结构钢筋安装允许偏差及检验方法

项目		允许偏差（mm）	检验方法
绑扎钢筋网	长、宽	±10	尺量
	网眼尺寸	±20	尺量，取最大偏差值
绑扎钢筋骨架	长	±10	尺量
	宽、高	±5	尺量
纵向受力钢筋	锚固长度	-20	尺量
	间距	±10	尺量两端、中间各一点，取最大偏差值
	排距	±5	
纵向受力钢筋、箍筋的混凝土保护层厚度	梁	±5	尺量
	底板、顶板	±3	尺量
绑扎箍筋、横向钢筋间距		±20	尺量续三档，取最大偏差值
钢筋弯起点位置		20	尺量
预埋件	中心线位置	5	尺量
	水平高差	+3，0	塞尺量测

（10）钢筋绑扎后应随即垫好垫块，间距不宜大于1000mm，梅花状布置。

（11）垫层下的地基应保持稳定、平整、干燥，严禁浸水。

（12）垫层混凝土应密实，上表面平整。

（13）混凝土应插捣密实。混凝土的强度等级和抗渗等级应符合设计规定。

（14）结构底板、墙面、顶板表面应光洁，不得有蜂窝、漏筋、漏振等现象。

（15）侧墙和顶板的变形缝应与底板的变形缝对正、垂直贯通。缝宽平直、均匀，混凝土密实。

（16）对同一配合比混凝土，取样与试件留置每拌制 100 盘且不超过 100m³ 时，取样不得少于一次；每工作班拌制不足 100 盘时，取样不得少于一次；连续浇筑超过 1000m³ 时，每 200m³ 取样不得少于一次；每次取样应至少留置一组试件。

（17）现浇结构的位置和尺寸应符合设计的要求，见表 5-2-5。

表 5-2-5　　　　　　　　　　　现浇结构位置和尺寸允许偏差及检验方法

项目		允许偏差（mm）	检验方法
轴线位置	整体基础	15	经纬仪尺量
	独立基础	10	经纬仪尺量
	板、墙	8	尺量
垂直度	层高 ≤6m	10	经纬仪或吊线、尺量
	层高 >6m	12	经纬仪或吊线、尺量
标高	层高	±10	水准仪或拉线、尺量
截面尺寸	基础	+15，-10	尺量
	板、墙	+10，-5	尺量
	楼梯相邻踏步高差	6	尺量
表面平整度		8	2m 靠尺和塞尺量
预埋件中心位置	预埋板	10	尺量
	预埋螺栓	5	尺量
	预埋管	5	尺量
	其他	10	尺量
预留洞、孔中心线位置		15	尺量

（18）混凝土应分层浇筑、分层振捣，分层厚度不宜大于 500mm。

（19）预制混凝土构件的混凝土强度等级不宜低于 C35，预应力混凝土构件的混凝土强度等级不宜低于 C40，且不应低于 C35。

（20）装配式电缆隧道构件应在明显部位标识生产单位、构件型号、生产日期和质量验收标志，进场时应核查质量证明文件。

（21）装配式电缆隧道构件进场时应对构件的尺寸、外观质量及其预埋件进行检查。尺寸偏差应符合表 5-2-6 的规定；设计有要求时，应满足设计要求。同一生产企业，同一类型的构件，不超过 100 个为一批，每批抽查构件数量的 5%，且不少于 3 个。

表 5-2-6　　　　　　　　　　　装配式电缆隧道构件允许偏差值

序号	检查项目		允许偏差（mm）	检查方法
1	净空尺寸 X	$X \leqslant 2000$	-5～+2	尺量
		$2000 < X \leqslant 4000$	-7～+5	
		$4000 < X$	-10～+7	
2	预制节段有效长度		-5～+5	尺量
3	壁厚 T	$200 \leqslant T < 300$	-3～+5	尺量
		$300 \leqslant T < 400$	-4～+6	
		$400 \leqslant T$	-4～+8	

序号	检查项目		允许偏差（mm）	检查方法
4	企口工作面，企口端面	承口长度	±2	尺量
		插口长度	±2	
		承口壁厚	±2	
		插口壁厚	±2	
		承插口内侧断面对角线互差	≤5	
		插口表面平整度	≤3	
		断面倾斜	≤3	
5	表面平整度	底板	≤3	尺量

（22）装配式电缆隧道安装完毕后，装配式电缆隧道结构间连接尺寸偏差应符合表 5-2-7 的规定。

表 5-2-7　　　　　　　　　装配式电缆隧道结构间连接尺寸允许偏差

序号	项目	允许偏差（mm）	检验方法
1	接头缝宽	≤10	塞尺
2	相邻节段轴线偏差	≤10	经纬仪侧中线
3	相邻节段地面高程	≤10	尺量

（23）防水基层处理：施工前应检查设计排水坡度、方向；设施全部安装完毕，并通过验收，所有阴阳角做成圆角；同时将验收合格的基层表面尘土、杂物清理干净，基层表面应坚实，无起砂、开裂、空鼓等现象，表面干燥、含水率不大于8%。

（24）阴阳角、施工缝、变形缝部位应铺设增强层，增强层的宽度不应小于500mm。

（25）铺贴双层卷材时，上下两层和相邻两幅卷材的接缝应错开 1/3～1/2 幅宽，且两层卷材不应相互垂直铺贴。

3. 工艺示范

现浇结构工艺示范分别见图 5-2-2～图 5-2-11。

图 5-2-2　垫层混凝土施工

图 5-2-3　钢筋制作、安装

图 5-2-4　模板支设（一）

图 5-2-5　模板支设（二）

图 5-2-6　防水层施工（一）

图 5-2-7　防水层施工（二）

图 5-2-8　混凝土浇筑

图 5-2-9　隧道结构完成（一）

图 5-2-10　隧道结构完成（二）

图 5-2-11　综合管廊电力舱

4. 设计图例

2m×2.1m 明挖隧道断面图见图 5-2-12，隧道防水断面图见图 5-2-13，隧道变形缝防水构造图（底板、侧墙）见图 5-2-14，隧道变形缝防水构造图（顶板）见图 5-2-15，隧道角部防水加强构造见图 5-2-16，隧道施工缝防水构造见图 5-2-17。

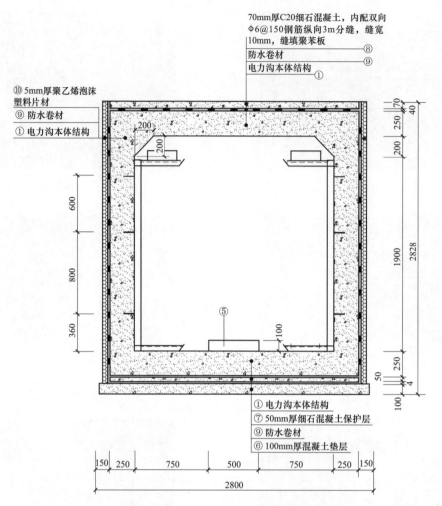

70mm厚C20细石混凝土，内配双向
Φ6@150钢筋纵向3m分缝，缝宽
10mm，缝填聚苯板 ⑧
防水卷材 ⑨
电力沟本体结构 ①

⑩ 5mm厚聚乙烯泡沫
塑料片材
⑨ 防水卷材
① 电力沟本体结构

① 电力沟本体结构
⑦ 50mm厚细石混凝土保护层
⑨ 防水卷材
⑥ 100mm厚混凝土垫层

图 5-2-12　2m×2.1m 明挖隧道断面图

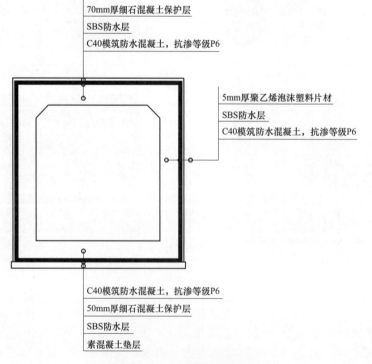

70mm厚细石混凝土保护层
SBS防水层
C40模筑防水混凝土，抗渗等级P6

5mm厚聚乙烯泡沫塑料片材
SBS防水层
C40模筑防水混凝土，抗渗等级P6

C40模筑防水混凝土，抗渗等级P6
50mm厚细石混凝土保护层
SBS防水层
素混凝土垫层

图 5-2-13　隧道防水断面图

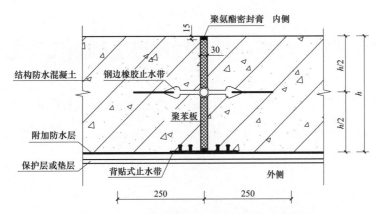

图 5-2-14 隧道变形缝防水构造图（底板、侧墙）

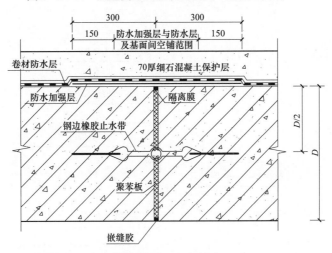

图 5-2-15 隧道变形缝防水构造图（顶板）

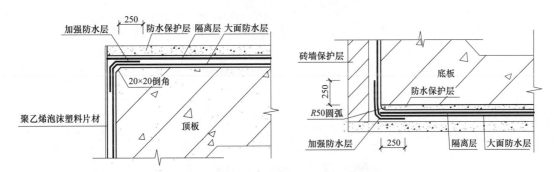

图 5-2-16 隧道角部防水加强构造

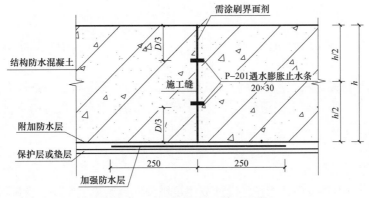

图 5-2-17 隧道施工缝防水构造

第三节 浅埋暗挖电缆隧道工程施工工艺

本节适用于采用浅埋暗挖工艺的新建、改建、扩建电缆隧道本体工程的施工。

1. 工艺流程

1.1 工艺流程图

浅埋暗挖法电力隧道施工工艺流程图见图 5-3-1。

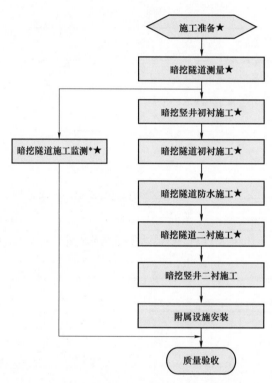

图 5-3-1 浅埋暗挖法电力隧道施工工艺流程图

注 *暗挖隧道施工监测自暗挖竖井初衬施工至质量验收前。

1.2 关键工序控制

1.2.1 施工准备

（1）在对工程地质、水文地质条件、周围环境、工期要求、竖井大小来判断本工程竖井井位场地布置，竖井提升方式。

（2）竖井垂直提升可采用汽车吊和现场组立龙门架，在场地情况满足的条件下优先选用组立龙门架作为竖井垂直提升设备。竖井施工现场场地布置应布置好现场存土仓、现场搅拌棚、物料储存仓库、以及其他现场必要的施工用房。

1.2.2 暗挖隧道测量

（1）控制桩交接：

1）交接桩工作一般由建设单位组织，设计或测绘单位向施工单位交桩，交桩应有桩位平面布置图，并附坐标和高程成果表，完成交接桩后办理交接手续。

2）交接的电力暗挖工程测量精密导线点、精密水准点的数量应覆盖所施工的电力隧道线路区段，并注意两端与其他施工段衔接的控制点。

（2）暗挖隧道施工测量：

1）依据地面控制点用极坐标法对隧道中线及竖井中心放样并根据施工组织设计确定的竖井尺寸进行放线，指导竖井开挖和各种施工设备的安装，开挖到井底后放出马头门中心及方向线，指导隧道马头门施工。

2）直线隧道施工应安置激光指向仪指导隧道掘进，曲线隧道施工应视曲线半径的大小和曲线长度，以及施工方法，选择切线支距法测设线路中线点。宜以线路中线为依据，安装超前导管、管棚、格栅钢架和边墙格栅钢架，以及控制喷射混凝土支护的厚度。

1.2.3 暗挖竖井初衬施工

（1）竖井开挖常采用半断面开挖，常用的竖井尺寸直径为 4.0m、5.2m，6m×6m 竖井。

（2）采用人工开挖，龙门架（或者汽车吊）吊土。

（3）严格按设计尺寸控制开挖断面，每循环开挖依据设计要求（高度一般为 0.5m）。圈梁底和井底均须严格按设计高程开挖，不得超挖扰动原状土。

（4）竖井井壁土方开挖完成后，经检查开挖尺寸符合设计要求后，按格栅架立要求用螺栓、绑焊筋将其连接成整体，绑扎网片、焊接连接筋固定钢格栅。

（5）钢格栅架立时必须注意上下两榀拱架接头错开，格栅架设应水平，循环进尺精确；脚板连接螺栓全部拧紧上齐，并加焊 4 根绑焊筋；格栅挂钢筋网，格栅内外双层布置，满铺，搭接 1 个网格。连接筋沿格栅内外主筋呈梅花形布置，直径、间距满足设计要求。

（6）钢格栅架立完成后立即喷射混凝土，混凝土喷射分片依次自下而上进行，先喷格栅与拱（墙）壁间混凝土，后喷两拱之间混凝土。初喷层厚度为拱顶 50～60mm，边墙 70～100mm。第二次复喷达到设计喷锚厚度使钢格栅全部覆盖，且表面平顺无明显凹凸，并符合设计轮廓线。

1.2.4 暗挖隧道初衬施工

（1）土方开挖。隧道全断面超前加固完成并达到设计要求强度后，进行土体开挖。开挖采用人工开挖，再使用手推车或电动机具出渣至竖井底部，通过电葫芦提升出井，自卸车外运弃渣。隧道采用正台阶法开挖，上部开挖时留核心土，最后挖除核心土初支封闭成环。隧道开挖轮廓尺寸及检查方法应符合表 5-3-1 的规定。

表 5-3-1　　　　　　　　　　　　　隧道开挖轮廓尺寸及检查方法

序号	项目	允许偏差（mm）	检查方法
1	拱顶标高	+50，0	量测隧道周边轮廓尺寸，绘制断面图校对
2	宽度	+50，0	每 5～10m 检查一次，在安装网构钢架和喷射混凝土前进行

（2）挂设钢筋网。在掌子面开挖完毕后，根据设计图要求，在靠近围岩侧满铺钢筋网（一般为 ϕ6mm@100mm×100mm）。采用钢筋锚杆固定在土体上，钢筋网采用隧道外加工，隧道内安装。在格栅钢架安装完毕后，在格栅钢架内缘再次铺设 ϕ6mm@100mm×100mm 钢筋网，采用点焊的形式与格栅进行连接固定。钢筋网铺设应平整，固定要牢固，网片之间须进行搭接，搭接长度为 1 个网格。

（3）架设格栅钢架。在外层网片铺设完毕后及时人工架立格栅钢架，其纵向间距 0.5m 或 0.75m。格栅钢架节与节之间采用"角钢+螺栓连接+绑焊筋"。

为保证钢架整体受力，施工时用纵向连接筋把本榀与上榀格栅钢架进行连接形成整体，环向间距 1m，内外层交错布置，将每榀格栅连成一体。

（4）喷射初支混凝土。喷射混凝土采用预拌混凝土湿喷施工工艺，喷混凝土为 C20 混凝土，喷混凝土厚度 250mm。初喷层厚度为拱顶 50～60mm，边墙 70～100mm。第二次复喷达到设计喷锚厚度使钢格栅全部覆盖，且表面平顺无明显凹凸，并符合设计轮廓线。

1.2.5 暗挖隧道防水施工

（1）基面处理。隧道初期支护结束后，检查喷射混凝土基面的漏水、漏筋情况，切割外露钢筋、注浆管，并在割除部位用水泥砂浆抹成圆曲面。要对漏水严重的部位采取集中导流，埋设导流管，对独立漏点采取凿孔埋管导流的方式进行导流。

（2）施工防水层。先做找平层、涂刷水泥聚合物灰浆，从拱顶开始向两侧下垂铺贴，先边墙和拱顶，后粘贴底板。卷材搭接宽度为120mm，相邻边接缝应错开1m以上，并清理干净溢出的水泥胶，然后涂刷聚氨酯胶粘贴接缝盖条。防水层施工完毕后，在底板的防水层上抹20mm厚的水泥砂浆保护层，防止二衬钢筋绑扎时对防水层造成破坏。

（3）变形缝、施工缝处防水要点。暗挖初衬结构，在距马头门口两边2～3m处设置变形缝；现浇二衬结构按照设计图要求设置变形缝，一般不大于30m，而且初衬结构变形缝处二衬结构亦要设置变形缝。在变形缝处先采用30mm聚苯板作分界板，待隧道两侧喷射混凝土及防水层施作完成后，再将缝中的聚苯板剔成宽30mm、深65mm的缝，然后用聚合物水泥砂浆嵌缝深30mm，待聚合物水泥砂浆干硬后，在缝中嵌入双组分聚硫橡胶。施作完变形缝后用焦油聚氨酯及涤纶布就地制作止水带。

1.2.6 暗挖隧道二衬施工

（1）暗挖隧道二衬钢筋：

1）所使用钢筋必须有出厂合格证，并按规定取样作复试试验，报监理工程师批准后，方可使用。

2）技术人员按设计图计算出钢筋配料清单，并进行详细的技术交底后，钢筋加工厂方可加工。

3）钢筋加工前应清除钢筋表面的铁锈、油渍、油漆。

4）钢筋按照设计图及施工规范在钢筋加工场地配料、加工成形后运到现场安装。

5）主筋接头采用单面焊接，要求各接头钢筋单面焊接长度不小于 10d（d 为钢筋直径）；在同一截面内，接头截面面积占钢筋总截面面积的百分率不大于50%。

6）焊接完成后的钢筋安装位置、间距、保护层及各部分钢筋的大小尺寸均应符合设计图的规定，安装前应进行虚渣及杂物清除，超挖部分用混凝土填充，钢筋安装允许偏差：横向及高程均为±20mm，垂直度允许偏差为±2°。

（2）暗挖隧道模板：

1）为了保证质量外观美观，模板采用定型钢模（边墙）、可调钢模板（拱部）及碗扣式满堂红脚手架，拱部支撑体系用 I140 型钢组装件，接头用螺栓连接。

2）暗挖隧道二衬结构浇筑前，在端头部位设置可开启式仓口，用于检查模板内混凝土浇筑饱满情况，可待混凝土浇筑饱满后封闭观察窗口。

3）模板及支架安装要求：① 结构物的形状、尺寸与相互位置符合设计规定；② 具有足够的稳定性、刚度和强度；③ 模板表面光洁平整，接缝严密，不漏浆，以保证混凝土表面的质量；④ 模板安装必须严格按设计图尺寸施工；⑤ 支架必须支承于坚实的地基或在混凝土上，并应有足够的支承面积；⑥ 模板表面涂刷隔离剂；⑦ 安装完成的模板经检查合格后方可进行下一道工序。钢模板组装质量标准见表5-3-2。

表5-3-2   钢模板组装质量标准

项　　目	允许偏差（mm）	项　　目	允许偏差（mm）
两块模板之间的拼接缝隙	≤1.0	组装模板板面的长宽尺寸	±2.0
相邻模板面的高低差	≤2.0	组装模板两对角线长度差值	≤3.0
组装模板板面平整度	≤2.5	水平靠尺	±1.0

（3）混凝土灌注：

1）混凝土采用商品混凝土，严格按照配合比进行配料。

2）采用混凝土输送泵进行泵送灌注。

3）泵送前应润滑管道，润滑采用按设计配合拌制的水泥砂浆，输送管道宜顺直，转弯宜缓，接头应紧固。

4）混凝土灌筑时应两侧对称连续灌筑，两侧混凝土面高差不大于 0.5m。

5）混凝土捣固采用人工配合附着式振动器振捣，振捣要均匀、到位，确保混凝土密实。附着式振动器作用于模板上的振捣半径为 500～750mm，如构件较长，一般每隔 1.0～1.5m 设置一台振动器。附着式振动器的侧向影响深度约为 250mm，当构件尺寸较厚时，需要构件两侧安装的振动器同时振捣。

6）拱部混凝土灌筑作业最后的灌筑窗口必须在模板顶部，确保隧洞拱顶不留空隙。

7）混凝土强度达到设计强度的 100%后，方可脱模。

8）脱模后，及时洒水养护，养护期不小于 14 天。

9）二次衬砌隧道轮廓尺寸允许偏差及检查方法见表 5-3-3。

表 5-3-3　　　　　　　　　二次衬砌隧道轮廓尺寸允许偏差及检查方法

序号	检查项目	允许偏差（mm）	检查方法
1	隧道拱顶标高	±20	用水准仪检查，20m 一个点
2	隧道宽度	±10	用钢尺检查，20m 一处
3	混凝土厚度	全部检查点 95%不小于设计厚度；最薄处不小于设计厚度 85%	立模后进行检查，每 10～20m 检查一个断面

1.2.7　暗挖隧道施工监测

（1）隧道内拱顶下沉监测。在开挖后 24h 内和下次开挖之前设点并读取初始值，采用精密水准仪和铟钢尺进行水准测量。测试频率：开挖面距测量断面的长度 $L<2B$（隧道宽度）时 1～2 次/天，$2B<L<5B$ 时 1 次/2 天，$L>5B$ 时 1 次/周。

绘制近期工作面附近点位变化—时间曲线，配合位移变化速率进行稳定性分析。趋于平缓后作回归分析，允许下沉值为 30mm。

（2）隧道内水平收敛监测。隧道根据施工顺序在起拱线处设一条水平收敛测线，隧道共设四条水平收敛测线，采用 JSS301.5A 数显式收敛计，设点及测试频率同拱顶下沉。收敛控制值为 20mm，当收敛移位值 $S<0.15$mm/天或拱顶位移速度小于 0.1mm/天，已趋于稳定。如有穿越构筑物，需增加地面及构筑物监测。

2. 工艺标准

2.1　暗挖竖井初衬施工

（1）竖井采用人工开挖，由上而下浅埋暗挖逆作法施工。

（2）竖井井壁土方开挖完成后，经检查开挖尺寸符合设计要求后，按格栅架立要求用螺栓、绑焊筋将其连接成整体，绑扎网片、焊接连接筋固定钢格栅。

（3）根据测量十字线检查净空，确定钢格栅架立尺寸，钢格栅架立时必须注意上下两榀拱架接头错开，格栅架设应水平，循环进尺精确；脚板连接螺栓全部拧紧上齐，钢格栅架立完成后立即喷射混凝土。竖井钢格栅每开挖一步，封闭一步。

（4）钢格栅安装工艺。

1）格栅与围岩之间、格栅内侧设置φ6mm@100mm×100mm钢筋网片，搭接长度为1～2网格。

2）连接筋采用φ20mm螺纹钢，榀架内外布置，环向间距为1m，搭接长度不小于单面焊10*d*。

3）格栅内外侧主筋保护层均为40mm。

4）格栅间距按照设计图要求执行一般为500mm。

5）井壁喷射混凝土按照设计图要求执行一般厚度为0.3m，竖井底板按照设计图要求执行，一般采用喷射 C20 混凝土厚度为0.3m 进行封底。

2.2 暗挖隧道初衬施工

（1）土方开挖过程：

1）开挖采用台阶法开挖，上台阶长度一般（1～1.5*B*）（*B* 为隧道开挖跨度），中间留核心土维系开挖面的稳定。上台阶的底部位置应根据地质和隧道开挖高度确定，一般情况下，宜在起拱线以下。当拱部围岩条件发生较大变化时，可适当延长或缩短台阶长度，确保开挖、支护质量及施工安全。

2）先挖上台阶土方，开挖后即支立上部格栅钢架、喷射混凝土，形成初期支护结构，再挖去下台阶土方，即施工侧墙和底板，尽快形成闭合环。

3）开挖方式采用人工开挖，再使用人工推车或电动机械至竖井底部采用人工开挖时，手推车为运输工具，要运至竖井，提升并卸至存土场。隧道开挖轮廓应以格栅钢架作为参照，外保护层不得小于40mm。

4）严禁超挖，严格控制开挖步距，以防塌方，按照设计图要求执行，一般每循环开挖长度宜为0.5～0.75m。

（2）格栅钢架安装工程：

1）开挖初期支护的格栅钢架其原材料必须符合设计要求和施工规范规定。

2）栅钢架用于工程前先进行试拼，架立应符合设计要求，连接螺栓必须拧紧，数量符合设计，节点板密贴对正，格栅钢架连接圆顺。

（3）喷射混凝土工程：

1）所用材料的品种和质量必须符合设计要求和施工规范的规定，其中水泥需先进行复试，符合有关规定后方可使用。

2）喷射混凝土的配合比、计量、搅拌、喷射必须符合施工规范要求。

3）喷射混凝土的强度必须符合设计要求。

4）喷射混凝土结构，不得出现脱落和漏筋现象。

5）仰拱基槽内不得有积水、淤泥、虚土和杂物，喷射混凝土结构不得夹泥夹渣，严禁出现夹层。

6）格栅钢架间喷射混凝土厚度应满足设计要求，表面应平整圆顺，无大的起伏凹凸，见表 5－3－4。

表 5－3－4　　　　　　　　　　格栅钢架安装允许偏差表

序号	项目	允许偏差（mm）	检查频率		检验方法
			范围	点数	
1	横向和纵向	横向±20、纵向±50	每榀	2	用尺量
2	垂直度	±2°		2	锤球用尺量
3	高程	±20		2	用尺量
4	纵向连接筋搭接长度	±15		2	用尺量
5	钢筋连接	≥100		2	用尺量

2.3 暗挖隧道防水施工

（1）所用防水材料性能指标及配合比必须符合设计要求及有关规定。检查原材料出厂合格证、现场配制报告及试验报告。

（2）粘贴方法、工艺必须符合设计要求及适应材料特性。

（3）粘贴防水层要均匀、连续，不得有气泡、气孔、漏涂等缺陷。

（4）附加防水层根据材料不同，施工工艺及施工检查标准应按规范要求进行。

（5）边角部位应做附加层，重点控制边角附加防水层施工质量。

2.4 暗挖隧道二衬施工

（1）模板应平整、表面应清洁，并具有一定的强度，保证在支撑或维护构件作用下不破损、不变形。

（2）模板的拼接、支撑应严密、可靠，确保振捣中不走模、不漏浆。

（3）模板安装的允许误差：截面内部尺寸 -5～+4mm；表面平整度不大于 5mm；相邻板高低差不大于 2mm；相邻板缝隙不大于 3mm。

（4）钢筋的绑扎应均匀、可靠，确保在混凝土振捣时钢筋不会松散、移位，绑扎的铁丝不应露出混凝土本体。

（5）同一构件相邻纵向受力钢筋的绑扎搭接接头宜相互错开。

（6）预埋件应进行可靠固定；预埋件的材质一般应采用 Q235B。

预埋件的允许安装偏差：中心线位移不大于 10mm；埋入深度偏差不大于 5mm；垂直度偏差不大于 5mm。暗挖隧道钢筋安装质量控制偏差见表 5-3-5，现浇结构模板安装的允许偏差及检验方法见表 5-3-6，混凝土结构预埋件、预留孔洞允许偏差见表 5-3-7。

表 5-3-5　　　　　　　　　　暗挖隧道钢筋安装质量控制偏差

项目		允许偏差（mm）	检验方法
绑扎钢筋网	长、宽	±10	尺量
	网眼尺寸	±20	尺量，取最大偏差值
绑扎钢筋骨架	长	±10	尺量
	宽、高	±5	尺量
纵向受力钢筋	锚固长度	-20	尺量
	间距	±10	尺量两端、中间各一点，取最大偏差值
	排距	±5	
纵向受力钢筋、箍筋的混凝土保护层厚度	梁	±5	尺量
	底板、顶板	±3	尺量
绑扎箍筋、横向钢筋间距		±20	尺量续三档，取最大偏差值
钢筋弯起点位置		20	尺量
预埋件	中心线位置	5	尺量
	水平高差	+3，0	塞尺量测

表 5-3-6　　　　　　　　　　　　现浇结构模板安装的允许偏差及检验方法

项目		允许偏差（mm）	检验方法
轴线位置		5	尺量
底模上表面标高		±5	水准仪或拉线、尺量
模板内部尺寸	底板导墙	±10	尺量
	壁板、梁	±5	尺量
导墙、壁板垂直度	层高≤6m	8	经纬仪或吊线、尺量
	层高＞6m	10	经纬仪或吊线、尺量
相邻模板表面高差		2	尺量
表面平整度		5	2m靠尺和塞尺量测

表 5-3-7　　　　　　　　　　　　混凝土结构预埋件、预留孔洞允许偏差

项目		允许偏差（mm）
预埋钢板中心线位置		3
预埋管、预留孔中心线位置		3
插筋	中心线位置	5
	外露长度	+10，0
预埋螺栓	中心线位置	2
	外露长度	+10，0
预留洞	中心线位置	10
	尺寸	+10，0

2.5　暗挖隧道施工监测

（1）机动车道及非机动车道控制值 15mm，人行步道控制值 20mm。同时应保证道路沉陷范围内不能长时间积水，以免水下渗对路基产生破坏。

（2）路面沉陷速度不大于 2mm/天。

（3）路面隆起速度控制值不大于 5mm/天。

（4）路面差异沉降值不大于 4mm/3m。

（5）为保证路面使用年限，要求路面不能产生结构性裂缝，以防止雨水渗透对道路路基强度造成影响。

（6）净空水平收敛量测断面间距 10m，拱顶下沉量测应与净空水平收敛量测在同一量测断面进行。

（7）工作面在开挖前进行一次观测，当地层基本稳定无变化时每天进行一次，对已施工区段每天观测一次。

（8）监控量测是保证施工质量的重要环节，它的及时信息反馈可以随时调整设计，保证工程质量。隧道监控量测表见表 5-3-8。

表 5-3-8　　　　　　　　　　　　隧 道 监 控 量 测 表

变形速度（mm/天）	量测断面距开挖工作面的距离	量测频率
＞10	(0～1) B	1～2 次/天
10～5	(1～2) B	1 次/天
5～1	(2～5) B	1 次/2 天
＜1	＞5B	1 次/周

3. 工艺示范

浅埋暗挖电缆隧道工程施工图见图5-3-2～图5-3-15。

图5-3-2 竖井土方开挖

图5-3-3 竖井初衬格栅安装

图5-3-4 竖井初衬锚喷混凝土

图5-3-5 隧道超前注浆

图5-3-6 隧道土方开挖

图5-3-7 暗挖隧道格栅榀架安装

图5-3-8 隧道初衬锚喷混凝土

图5-3-9 隧道防水层完成

图 5-3-10　竖井二衬钢筋

图 5-3-11　竖井二衬模板

图 5-3-12　隧道二衬钢筋

图 5-3-13　隧道二衬模板

图 5-3-14　隧道二衬

图 5-3-15　隧道支架及槽盒

4. 设计图例

初衬结构格栅图见图 5-3-16，网构拱架 8 字钢筋加工图见图 5-3-17，2m×2.3m 隧道断面图见图 5-3-18，隧道断面施工步序图见图 5-3-19，竖井结构防水图见图 5-3-20 和图 5-3-21，马头门洞口初衬格栅布置图见图 5-3-22，马头门洞口两侧竖钢筋加密布置图见图 5-3-23，隧道防水图见图 5-3-24，变形缝防水构造顶板、侧墙见图 5-3-25，底板变形缝防水构造见图 5-3-26，格栅支护变形缝大样见图 5-3-27，二衬结构施工缝防水构造见图 5-3-28。

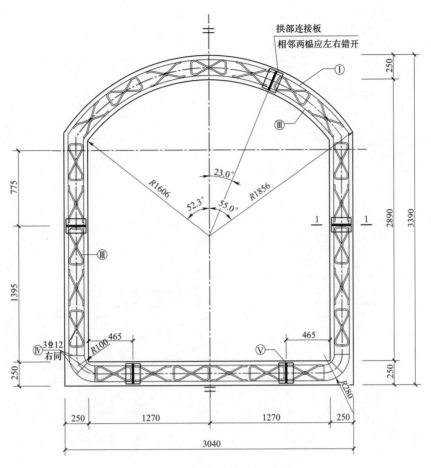

图 5-3-16 初衬结构格栅图

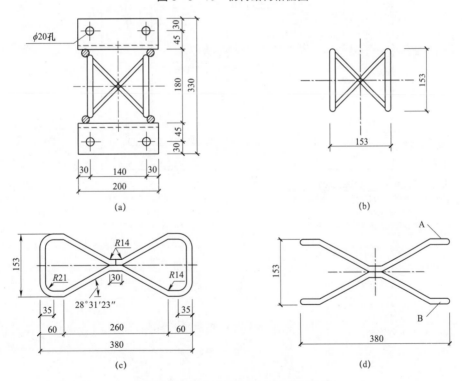

(a) (b)

(c) (d)

图 5-3-17 网构拱架 8 字钢筋加工图

(a) 1-1 初衬格栅剖面图；(b) 8 字钢筋正视图；(c) 8 字钢筋侧视图；(d) 8 字钢筋俯视图

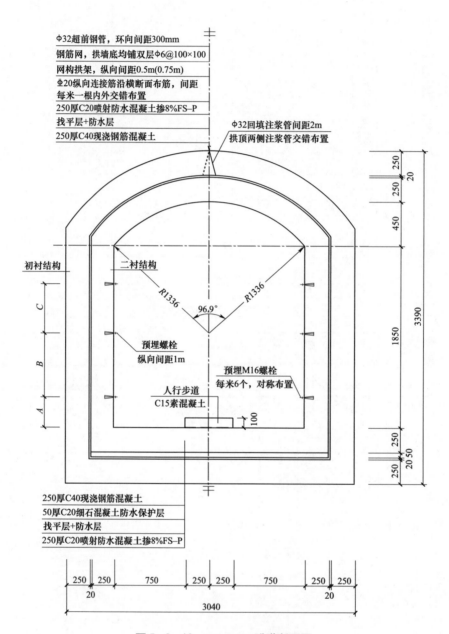

Φ32超前钢管，环向间距300mm
钢筋网，拱墙底均铺双层Φ6@100×100
网构拱架，纵向间距0.5m(0.75m)
Φ20纵向连接筋沿横断面布筋，间距
每米一根内外交错布置
250厚C20喷射防水混凝土掺8%FS-P
找平层+防水层
250厚C40现浇钢筋混凝土

Φ32回填注浆管间距2m
拱顶两侧注浆管交错布置

初衬结构

二衬结构

R1336   R1336
96.9°

预埋螺栓
纵向间距1m

预埋M16螺栓
每米6个，对称布置

人行步道
C15素混凝土

250厚C40现浇钢筋混凝土
50厚C20细石混凝土防水保护层
找平层+防水层
250厚C20喷射防水混凝土掺8%FS-P

250 250 750 250 250 750 250 250
20   20
3040

图 5-3-18 2m×2.3m 隧道断面图

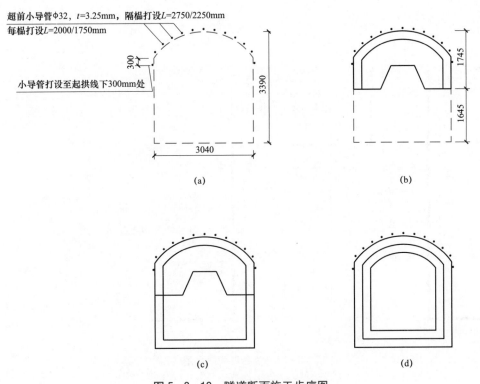

图 5-3-19 隧道断面施工步序图

（a）第一步：拱部小导管注浆；（b）第二步：留核心土开挖上半断面，架设格栅拱，喷射混凝土；

（c）第三步：开挖下半断面，架设格栅拱，喷射混凝土；（d）第四步：敷设防水层，浇筑二衬

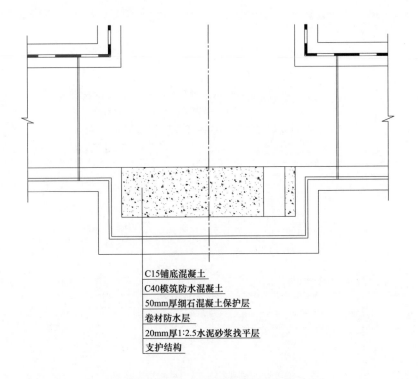

图 5-3-20 竖井结构防水图（一）

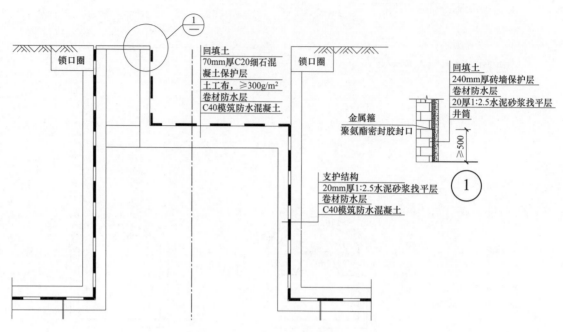

图 5-3-21　竖井结构防水图（二）

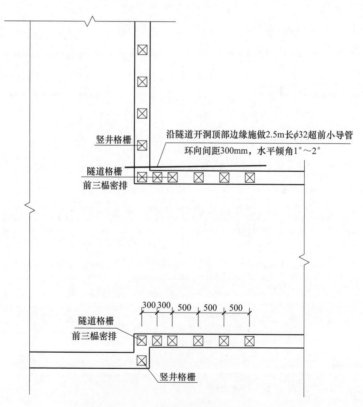

图 5-3-22　马头门洞口初衬格栅布置图

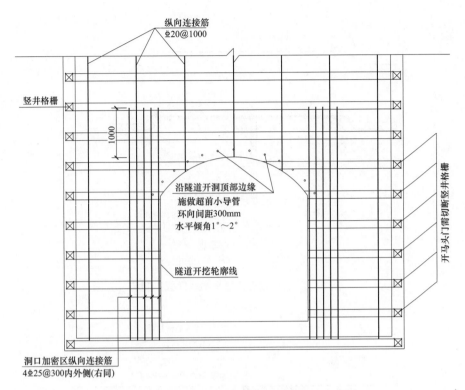

纵向连接筋
Φ20@1000

竖井格栅

1000

沿隧道开洞顶部边缘
施做超前小导管
环向间距300mm
水平倾角1°~2°

隧道开挖轮廓线

开马头门需切断竖井格栅

洞口加密区纵向连接筋
4Φ25@300内外侧(右同)

图 5-3-23　马头门洞口两侧竖钢筋加密布置图

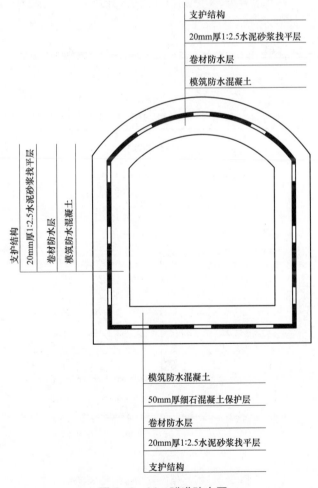

支护结构
20mm厚1:2.5水泥砂浆找平层
卷材防水层
模筑防水混凝土

支护结构
20mm厚1:2.5水泥砂浆找平层
卷材防水层
模筑防水混凝土

模筑防水混凝土
50mm厚细石混凝土保护层
卷材防水层
20mm厚1:2.5水泥砂浆找平层
支护结构

图 5-3-24　隧道防水图

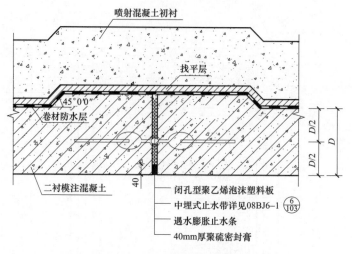

图 5-3-25　变形缝防水构造顶板、侧墙

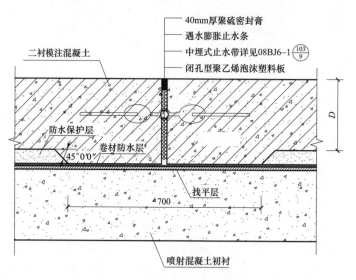

图 5-3-26　底板变形缝防水构造

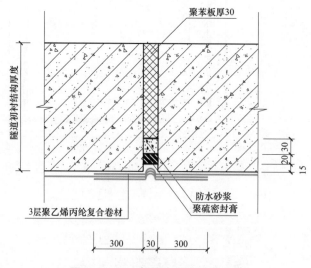

图 5-3-27　格栅支护变形缝大样

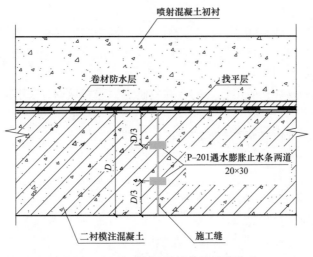

图 5-3-28 二衬结构施工缝防水构造

第四节 土压平衡式盾构电缆隧道工程施工工艺

本节适用于土压平衡式盾构法施工电缆隧道工程。

1. 工艺流程

1.1 工艺流程图

土压平衡式盾构电缆隧道施工工艺流程图见图 5-4-1。

1.2 关键工序控制

1.2.1 施工准备

（1）在对工程地质、水文地质条件、周围环境、线路及结构设计文件、工期要求、经济性等充分研究的基础上选定盾构机的类型，同时根据详细地质勘探资料，对盾构机各主要功能部件进行选择和调整。并根据地质条件选择与盾构机掘进速度相匹配的盾构机配套施工设备。主要机具设备包括与盾构设备相匹配的龙门吊、搅拌站、电瓶车、叉车、吊车等应准备完成并办理相关备案手续。

（2）施工场区应具备盾构设备及其他设备的工作空间，能够满足各类施工设备的使用及检修的空间需要，能够具备存储正常施工周转使用的管片存放空间，渣土坑容积应满足施工需要的渣土存放量。施工前应查明线路内地下管线情况，穿越段情况及线路周边建构筑物情况。

（3）始发基座、反力架及洞门密封施工所需的帘布橡胶、折页压板、防翻板等装置应加工完成。

（4）编制工程项目管理实施规划和各项安全施工技术方案，并对工程中危险性较大的分部分项工程进行论证，如盾构机起重吊装及安装拆卸工程、深基坑工程、高大模板支撑体系工程等。

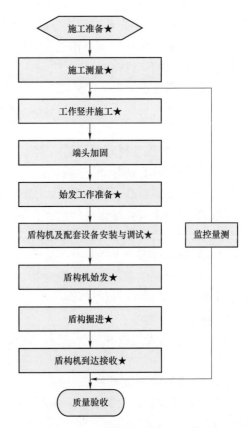

图 5-4-1 土压平衡式盾构电力隧道施工
工艺流程图

1.2.2 施工测量

主要包括地面控制测量、联系测量、地下控制测量、掘进施工测量、贯通测量和竣工测量。

同一贯通区间内始发和接收工作井所使用的地面近井控制点间应进行联测，并应与区间内的其他地面控制点构成附合路线或附合网。

隧道贯通后应分别以始发和接收工作井的近井控制点为起算数据，采用附合路线形式，重新测设地下控制网。

地面施工测量控制点应埋设在施工影响的变形区以外。

1.2.3 工作竖井施工

（1）围护结构施工：

1）竖井止水及支护结构首先考虑选用钻孔灌注桩，根据施工图及现场导线控制点，施放桩位点，以"十字交叉法"引到四周作好护桩点。

2）围护桩施工应先埋设护筒，护筒直径应大于设计桩径。

3）钻机定位后应保持水平，机身稳定，不允许发生倾斜、移位等现象。

4）钻孔开始时，应低锤密击，并及时加黏土泥浆护壁，使孔壁挤压严实，直至孔深达护筒以下3～4m后，才可加快至正常速度，并随时测定泥浆比重，反复进行冲孔、掏渣，直至要求深度。

5）钻机成孔后，需进行清孔，清孔时应注意对成孔深度的控制，严禁出现成孔深度超出规范要求的现象。

6）钻孔开始前应进行导管密闭性试验，试验合格后方可使用。清孔、下钢筋笼、导管安装、二次清孔完成后，立即灌注混凝土。

7）待桩混凝土强度达到80%时，对桩顶混凝土进行凿毛至设计标高后绑扎钢筋，进行冠梁的施工。

（2）土方开挖：

1）复核基坑中心线及平面尺寸的控制线。

2）随着土方开挖施工，桩间锚喷施工及时进行。采用喷射混凝土、钢筋网片对竖井壁和桩间土体进行支护。竖井内土方开挖至支撑面标高时，完成支撑安装并施加预应力。

3）基坑开挖采用机械开挖人工修槽的方法。机械挖土应严格控制标高，防止超挖或扰动地基，分层分段开挖，设有支撑的基坑须按设计要求及时安装；槽底设计标高以上200～300mm应用人工修整。

4）超深开挖部分应采取换填级配良好的砂砾石或铺石灌浆等处理措施，确保地基承载力及稳定性。

5）基坑开挖完成后，应进行钎探验槽，验收合格后方可进行下道工序施工。

（3）底板及侧壁防水施工。垫层施工完成后，进行底板及侧墙防水施工。防水卷材铺贴时应展平压实，与基面和各层卷材间必须黏结紧密。铺贴立面卷材防水层时，应采取防止卷材下滑的措施。

（4）竖井底板及侧壁结构施工：

1）模板支撑前必须清理干净，脱模剂涂刷均匀，不得漏刷，拆模时混凝土强度必须达到1.2MPa。

2）保证施工缝和模板缝处严密、牢固可靠，防止出现错台和漏浆出现。

3）混凝土浇注前，检查模板控制线位置是否准确无误，水平、断面尺寸和净空大小符合设计要求。

4）灌筑侧墙混凝土时要分层施工。

5）模板拆除的顺序遵循先支后拆，后支先拆，先非承重部位和后承重部位以及自上而下的原则。混凝土养护按照相关规范进行。

1.2.4 始发工作准备

（1）始发井及接收井洞口加固。根据工艺和图纸要求，采用高压旋喷桩法、水泥搅拌桩法或注浆法加固洞口。

1）高压旋喷桩法施工。

主要采用双重管旋喷法，这种方法是先把钻杆插入或钻进至预定土层中，再自下而上进行旋转喷射注浆作业。

施工前检查高压设备和管路系统，注浆管及喷嘴内不得有任何杂物，注浆管接头的密封圈必须良好。在查管和喷射的过程中，注意防止喷嘴被堵，在拆卸或安装注浆管时动作要快。气、浆的压力必须符合设计值。

喷射时要做好压力、流量和冒浆的测量工作，并按要求逐项记录，钻杆的旋转和提升必须连续，不得中断。深层喷射时，先喷浆后旋转和提升，以防注浆管被扭断。

搅拌水泥浆液时，水灰比必须按设计要求进行控制，不得随意改动。在喷浆的过程中应防止水泥浆沉淀，使其浓度降低。施工完毕后立即拔出注浆管，对注浆管和注浆泵进行彻底清洗，管内和泵内不得留有残存的水泥浆液。

2）注浆法施工。根据地质采用不同的浆液加固。根据土质情况确定孔深、孔距、注浆压力、注浆顺序等参数。

（2）盾构机基座安装。工作竖井内盾构机基座根据采用的盾构机参数提前加工成整体，基座安装应符合下列要求：

1）基座及其上的导轨强度与刚度，应符合盾构机安装、拆除及施工过程要求。

2）基座应与工作竖井连接牢固。

3）导轨顶面高程与间距应经计算确定。

（3）反力支架及钢后背制作安装。反力架及钢后背制作安装前应根据盾构推力进行受力计算。反力支架以临时组装的管片和型钢为主材，保证其针对必须的推力具有足够的强度，且不发生有害变形的刚度。钢后背一般采用工字钢制作，其中心误差控制在 15mm 以内。后背面必须与盾构设计轴线垂直。

（4）负环拼装。

1）盾构始发必须有临时后背，使盾构机有支撑力向前推进。一般情况下用同规格的盾构管片，即拼装负环。开始几环负环必须开口拼装，留有工作空间。当盾构机盾尾进入洞口后，拼装整环管片，并做好上部后背的钢管支撑，使盾构后背力均匀作用于圆周上。

2）根据工作井的长度及设计洞口永久防水混凝土环梁的宽度来确定钢后背厚度需要拼装的负环管片数量。盾构机经调试正常、钢后背安装完毕、其他准备工作（洞门凿除、管路连接）全部完成后即可进行初始掘进负环拼装。负环拼装第一环必须注意断面的同心度和与隧道轴线的垂直度，为整环拼装做准备。

1.2.5　盾构机及配套设备安装与调试

（1）盾构机的安装。

1）应根据始发井的结构尺寸选择整体始发或者分体始发。

2）整体式盾构机运抵施工现场，应在地面进行检查、空转试验，合格后方可吊入始发竖井安装就位。采用解体方式运输抵达现场的盾构机，应在地面进行试组装，达到设计要求与工厂安装的精度，并经地面空运转合格后，方可吊入始发竖井安装就位。

3）在始发工作竖井内安装盾构机前，应对基座、导轨的位置、高程进行复核后，方可进行盾构机安装。盾构机在竖井内组装就位后，应进行运转试验。盾构机的运输及吊装应委托专业起重运输公司，下井吊装应按专项方案实施。

（2）后续台车的安装。

1）将洞口 10 环范围内的管片用钢制拉紧联系连接并进行加固，拉紧联系宜采用槽钢，槽钢上按照管片间注浆孔的间距设置螺栓孔。

2）洞口拉紧联系安装完毕后即可将初始掘进时的后背上部钢管支撑拆除掉，然后将盾构工作井内的负环依次拆除。将盾构基座与工作井底板相连接的焊点切割开，把基座吊出工作井。用切割成弧形的钢板将第一环管片与洞口钢环焊接以封堵洞口；同时将工作井内的集水井用砖砌至略高于洞内轨道面，竖井内铺设轨道。

3）将台车吊至工作井，按照顺序排列并将各台车之间的管路连接好，每次以两节台车为单位用电瓶车运至隧道内的指定位置，皮带运输机应预先放置于 1、2 节台车上，一次性运输到位。后续台车运到位后，将其间的管路连接好，直至连接好工作井至台车尾部的各种管路。

1.2.6　盾构机始发

（1）盾构机在出发前，应对洞门经加固后的土体进行质量检查，合格后方可始发；应制定洞门围护结构破除方案，采取适当的密封措施，保证始发安全。

（2）始发掘进时应对盾构姿态进行复核。负环管片定位时，管片环面应与隧道轴线垂直。

（3）始发掘进过程中应保护盾构的各种管线，及时跟进后配套台车，并对管片拼装、壁后注浆、出土及材料运输等作业工序进行妥善管理。始发掘进过程中应严格控制盾构的姿态和推力，并加强监测，根据监测结果调整掘进参数。

1.2.7　盾构掘进

（1）掘进出土。应根据隧道工程地质和水文地质条件、隧道埋深、线路平面与坡度、地表环境、施工监测结果、盾构姿态以及盾构初始掘进阶段的经验设定盾构滚转角、俯仰角、偏角、刀盘转速、推力、扭矩、螺旋输送机转速、土仓压力、排土量等掘进参数。

盾构机各系统试运转正常后即可进行正常掘进，首先向盾构土仓中加入一定数量的泥浆，转动刀盘，按照已确定的土压及加泥量进行控制，确定土压为设定值，螺旋输送机的控制方式定为自动，螺旋输送机即可根据盾构刀盘土仓内的土压自行调节转速，始终保持土仓内的土压稳定，掘进排出的土装入土箱由电瓶车运输至工作井，再由工作井处的门式起重机将土箱吊至地面。

（2）加泥。盾构机掘进时，随时观察刀盘螺旋输送机的扭矩及螺旋输送机排出的土的状态（即塑流性），对泥浆的加入量进行调节控制，确保刀盘及螺旋输送机油压保持正常的数值。

（3）同步注浆。盾尾进入土体后时开始进行同步注浆，根据推进速度确定注浆的流量。

1）盾构法施工的管道结构与土层间的间隙，应进行注浆充填。

2）注浆材料一般采用水泥浆、水泥砂浆、水泥粉煤灰浆及水玻璃等浆液。

3）注浆应与地面监测相配合，应采用多点注浆，将管道与土层间的间隙充分填满。

4）注浆压力应通过试验确定，砂卵石层宜控制在 0.1～0.2MPa。

5）注浆结束后，应及时将注浆孔封闭。

6）注浆前应对浆液搅拌、浆液灌注设备进行检查，保持设备在注浆过程处于良好工作状态。

7）盾构掘进同步注浆后，应进行二次补浆。

（4）管片拼装。推进一环完成后，拼装管片。

1）拼装前应清理盾尾底部，管片安装设备应处于正常状况。

2）拼装每环中的第一块时，应准确定位，拼装顺序应自下而上，左右交叉对称安装，最后封顶成环。

3）安装时千斤顶交替收回，即安装哪片管片收回哪片相对应的千斤顶，其余千斤顶仍顶紧，保证土压仓土压不降低。

4）控制管片环面的平整度及椭圆度。

5）边拼装管片边扭紧纵、环向连接螺栓。

6）在整环管片脱出盾尾后，再次按规定扭紧全部连接螺栓。

7）管片下井前，应由专人核对编组、编号，对管片表面进行清理、粘贴止水材料，检查合格后，将管片与连接件配套送至工作面。

8）拼装时，应采取措施保护管片、衬垫及防水胶条，不受损伤。

9）拼装时，应逐块初拧环向和纵向螺栓，螺栓与螺栓孔间应加防水垫圈。

10）在纵向螺栓拧紧前，进行衬砌环椭圆度测量。当椭圆度大于 20mm 时，应做调整。

11）曲线段管片安装，根据设计曲线半径进行标准环与楔形环排列。

（5）二次补注浆。为控制沉降，需要进行二次补注浆，二次补浆安排在拼装管片时进行，补注浆的压力应该比同步注浆的压力高，以更好地对外部间隙进行填充。

（6）防水。

1）衬砌混凝土自防水。按设计要求进行管片生产，管片的抗渗等级符合设计要求。

2）盾构隧道接缝防水。在管片接缝处设置框形橡胶弹性密封垫。

3）盾构隧道与其他部位接口处的防水。盾构进出洞时，采用特殊帘布橡胶圈及可靠的固定装置减少漏泥、漏水。

1.2.8　盾构机到达接收

盾构机到达时，应做好以下措施：

（1）降低盾构掘进速度（一般控制在 1.0cm/min 以内），以利于盾构姿态的控制。

（2）当盾构掘进至洞口加固土体段时，降低盾构掘进的控制土压值，既要最大程度地防止因土压低而造成管片外围岩的下沉，又要最大程度防止因土压高而造成洞口土体的提前破坏。

（3）当盾构掘进至离洞口 4~6m 时，降低加泥压力，根据洞口泥浆的渗漏情况，随时停止泥浆加入。

（4）当盾构机进洞后，及时进行洞口密封，并从地面和洞口端面同时进行补注浆，控制洞口后期沉降，也有利于洞口段隧道的防水。

（5）盾构进洞拼装完最后一环管片后，千斤顶不要立即回收，及时安装拉紧联系，将洞口段 10 环管片联系成一体，同时拧紧所有管片连接螺栓，防止盾构机与隧道管片脱离时洞口端管环应力释放，导致管环间的松动，造成管环间渗水。

（6）盾构出洞后，应及时封堵洞口，封洞口的钢板必须满焊，以防止洞口漏浆、渗水。

（7）盾构机从隧道落到接收基座上时，为防止洞口处管片的错台、松动等，应即时调整管片，反复拧紧螺栓。

1.2.9 监控量测

施工中应结合施工环境、工程地质和水文地质条件、掘进速度等制定监控量测方案。监控量测范围应包括盾构隧道和沿线施工环境，对突发的变形异常情况必须启动应急监测方案。

2. 工艺标准

2.1 盾构施工测量

盾构法电缆隧道施工中对区间测量点加密，构成全线地面施工控制网，平面控制网为导线网，对导线网进行严密平差，精密导线测量的主要技术要求应符合测量相关规范要求。

2.2 围护结构桩基施工

桩孔质量参数包括：孔深、孔径、钻孔垂直度等。

（1）孔深。成孔后以测绳检验并记录孔深。成孔清孔后、灌混凝土前各测一次，两次测量孔深之差即为沉渣厚度。孔深符合规范要求。

（2）孔径。孔径用探孔器测量，若出现缩径现象应进行扫孔，符合要求后进行下道工序。

（3）钻孔垂直度。采用双向锤球或孔锤测定，偏差应小于 3‰。

2.3 工作井基坑开挖

基坑开挖必须与挂网锚喷连接紧密，当开挖至钢支撑底面以下 50cm 时，按照设计图，及时安装钢围檩及架设钢支撑，保证标高及位置准确。基坑开挖至底部时，须留 30cm 人工清底以防扰动基底土质，严禁超挖。

2.4 工作井初期支护

喷射混凝土配合比严格按照施工配合比称料拌和，严格控制外加剂的掺量，确保喷射混凝土强度符合设计要求。

2.5 工作井防水施工

防水卷材接缝必须粘贴封严接缝口应用材性相容的密封材料封严宽度不应小于 10mm；在立面与平面的转角处卷材的接缝应留在平面上，距立面不应小于 600mm。

2.6 工作井结构施工

（1）模板应平整、表面应清洁，并具有一定的强度，保证在支撑或维护构件作用下不破损、不变形。

（2）模板尺寸不应过小，应尽量减少模板的拼接。

（3）支模中应确保模板的水平度和垂直度。

（4）模板的拼接、支撑应严密、可靠，确保振捣中不走模、不漏浆。

（5）模板安装的允许误差：截面内部尺寸为−5～4mm；表面平整度不大于5mm；相邻板高低差不大于2mm；相邻板缝隙不大于3mm。

（6）钢筋的绑扎应均匀、可靠，确保在混凝土振捣时钢筋不会松散、移位。

（7）绑扎的铁丝不应露出混凝土本体。

（8）受力钢筋的连接、钢筋的绑扎等工艺应符合相关规程、规范及技术标准的要求。

（9）同一构件相邻纵向受力钢筋的绑扎搭接接头宜相互错开。

（10）混凝土的强度等级不应低于C30，宜采用商品混凝土。

（11）混凝土浇筑后应平整表面并采取适当的养护措施，保证本体混凝土强度正常增长。

（12）若处于严寒或寒冷地区，混凝土应满足相关抗冻要求。

（13）混凝土结构的抗渗等级应不小于S8。

2.7 盾构隧道掘进

（1）盾构掘进施工必须严格控制出土量、盾构姿态和地层变形。

（2）应根据地层状况采取相应措施，对地层和渣土进行改良，降低对刀盘刀具和螺旋输送机的磨损。

（3）盾构掘进过程中应随时监测和控制盾构姿态，使隧道轴线控制在设计允许偏差范围内。

2.8 管片拼装

管片拼装时采用错缝拼装方式，先拼装底部标准块，然后按左右对称块拼装两侧的标准块和邻接块，最后拼装封顶块。封顶块拼装时先搭接2/3环宽，径向推上，再纵向插入。

管片拼装过程如下：

（1）用管片拼装机将管片吊起，起吊机梁移动到盾尾位置。

（2）拼装前彻底清除管片安装部位的垃圾和积水，同时必须注意管片的定位精确，尤其第一环要做到居中安放。

（3）管片拼装采取自下而上的原则，由下部开始，先装底部标准块（或邻接块），再对称安装两侧标准块和邻接块，最后安装封顶块，封顶块安装时，先搭接2/3环宽，径向推上，再纵向插入。

（4）拼装时千斤顶交替收回。

（5）管片拼装要把握好管片环面的平整度、环面的超前量以及椭圆度还要用水平尺将第一块管片与上一环管片精确找平。

（6）第二块管片与上一环管片和本环第一块管片对准后，先纵向压紧环向止水条，再环向压紧纵向止水条，并微调对准螺栓孔。

（7）边拼装管片边拧紧纵、环向连接螺栓。

（8）整环管片脱出盾尾后，再次按规定扭矩拧紧全部连接螺栓。

（9）管片拼装的注意事项：

1）每一环推进长度必须达到大于环宽300mm（1800mm）以上方可拼装管片，以防止损坏封顶块止水条。

2）管片吊装头必须拧紧。

3）管片拼装应满足规范规定的偏差要求。

4）拧紧螺栓应确保螺栓紧固，紧固力矩达到设计要求300N·m。

5）正式进洞后，错缝拼装的管片封顶块位置为±90°。

（10）管片拼装质量控制。管片拼装质量满足规范规定的允许偏差：高程和平面±50mm；每环相邻管片平整度4mm；纵向相邻环环面平整度5mm；衬砌环直径椭圆度5%。管片拼装允许误差详见规范要求。

1）成环环面不平整度应小于10mm。相邻环高差控制在10mm以内。

2）安装成环后，在纵向螺栓拧紧前，进行衬砌环椭圆度测量。当椭圆度大于20mm时，应做调整。

2.9 同步及二次注浆

（1）浆液应按设计配合比拌制。

（2）浆液的相对密度、稠度、和易性、杂物最大粒径、凝结时间、凝结后强度、浆体固化收缩率均应满足工程要求。

（3）注浆作业应连续进行。注浆作业时，应观察注浆压力及流量变化、严格控制注浆参数。

3. 工艺示范

土压平衡式盾构电缆隧道施工见图 5-4-2～图 5-4-9。

图 5-4-2 基坑开挖

图 5-4-3 基坑支护

图 5-4-4 基坑防水施工

图 5-4-5 垫层施工

图 5-4-6 竖井结构绑扎

图 5-4-7 混凝土浇筑

图 5-4-8 盾构隧道掘进

图 5-4-9 管片拼装

4. 设计图例

管片拼装位置及构造见图 5-4-10 和图 5-4-11，管片拼装位置展开图见图 5-4-12，盾构进出洞土体加固平面示意图见图 5-4-13，盾构进出洞土体加固立面示意图见图 5-4-14。

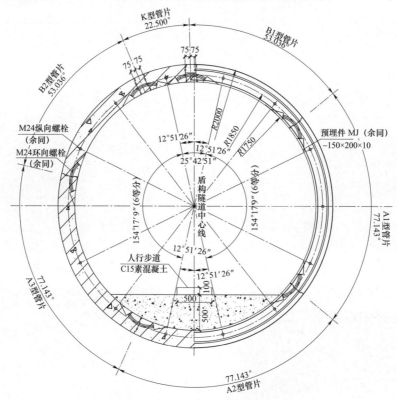

图 5-4-10　管片拼装位置及构造（一）

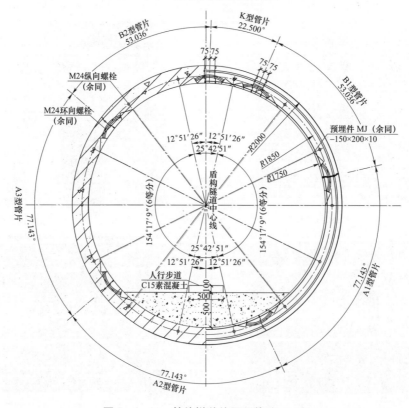

图 5-4-11　管片拼装位置及构造（二）

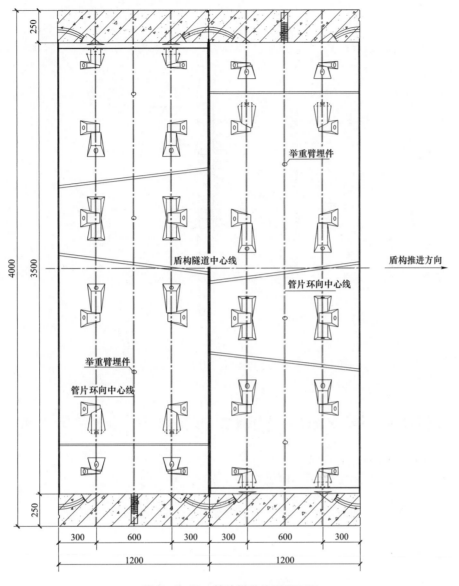

图 5-4-12　管片拼装位置展开图

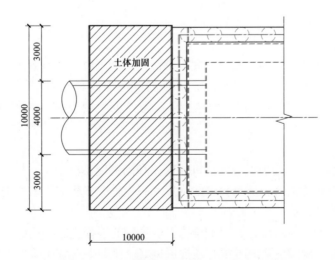

图 5-4-13　盾构进出洞土体加固平面示意图

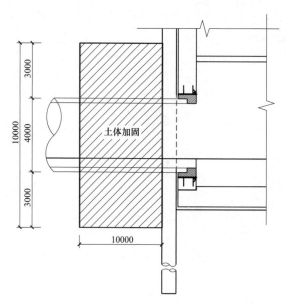

图 5-4-14　盾构进出洞土体加固立面示意图

第五节　泥水平衡式盾构电缆隧道工程施工工艺

本节适用于泥水平衡式盾构法电缆隧道施工。

1. 工艺流程

1.1　工艺流程图

泥水平衡式盾构电缆隧道施工工艺流程图见图 5-5-1。

1.2　关键工序控制

1.2.1　盾构准备
1.2.1.1　始发洞门的准备
始发洞门的准备工作包括始发洞口地层加固、洞门凿除和洞门密封系统的安装。

（1）始发洞口的地层加固。盾构始发之前要对洞口地层的稳定性进行评价，并采取有针对性的处理措施。加固方法很多，常用的有地层注浆、搅拌桩、旋喷桩、钻孔素桩、SMW 工法、冷冻法等。选择加固措施的基本条件为加固后的地层要具备最少一周的侧向自稳能力，且不能有地下水的损失。

盾构井端头土体加固长度不得小于盾构主机长度，加固宽度不得小于盾构主机两侧外各 2m 范围。

地层加固要保证洞门破除后的土体有充分的强度和稳定性，在盾构始发掘进之前不能坍塌。不加固地层可采用其他辅助措施达到盾构始发条件。

（2）洞门凿除。盾构始发的站或井的围护结构一般为钢筋混凝土的桩或连续墙，盾构刀盘无法直接切割通过，需要人工凿除。洞门凿除的时机必须把握良好，凿除太迟耽误盾构出洞，凿除太早让洞门后的土体暴露时间过长。一般洞门凿除需要两个星期的时间。

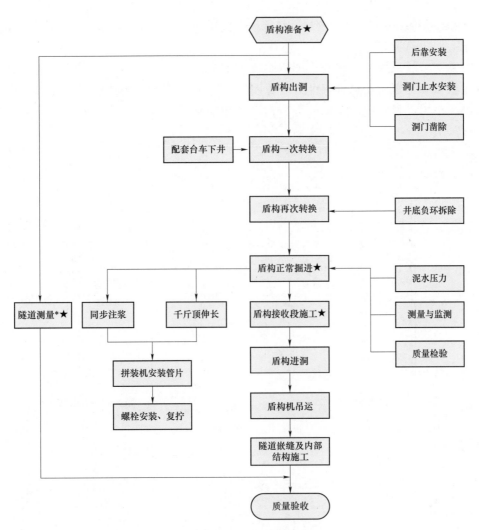

图 5-5-1　泥水平衡式盾构电缆隧道施工工艺流程图

注　*隧道测量自盾构出洞至质量验收。

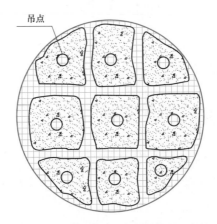

图 5-5-2　围护结构混凝土分割示意图

洞门凿除施工时，不能把所有的钢筋和混凝土全部除掉，应保留围护结构的最后一层钢筋和钢筋保护层，待盾构刀盘到达之后再割除最后一层钢筋网，不能直接暴露出土体。凿除应自下而上分块进行，并分块吊出井外。围护结构混凝土分割示意图见图5-5-2。

在洞门破除前，对洞门实施水平钻探，观察地层稳定情况，若出现流水、流沙现象，需对洞门进行注浆处理，确保洞门外地层的稳定。始发洞门凿除见图5-5-3。

（3）洞门密封系统的安装。洞门密封系统保证洞门口处的管片背后可靠注浆，对防止隧道贯通后的水土流失也能起到一定的作用。

洞门密封系统一般采用帘布橡胶板加折页压板的方式，主要由洞门框预埋的钢环板、帘布橡胶板、折页钢压板、固定螺栓及垫片等组成（见图 5-5-4）。这种结构的优点为简单可靠，不需要人工调整，折页压板可以自动压紧在盾壳和管片上，可以保证注浆时浆液不会外漏。密封系统工作原理见图 5-5-5。

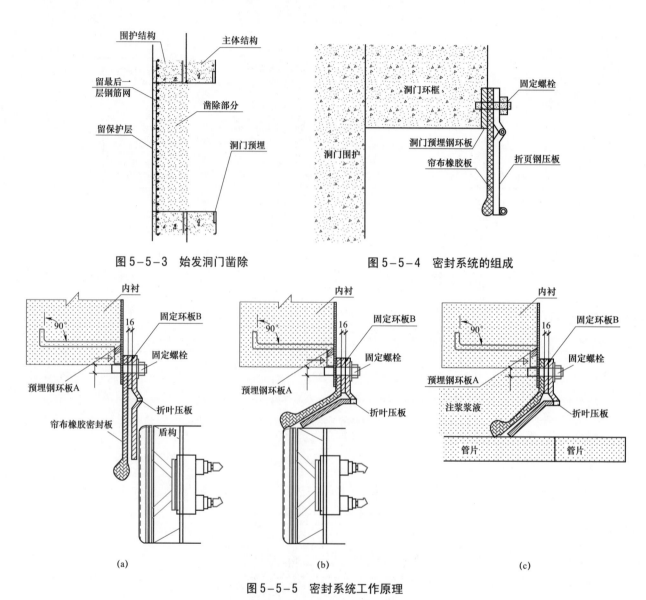

图 5-5-3 始发洞门凿除   图 5-5-4 密封系统的组成

图 5-5-5 密封系统工作原理
（a）进洞前状态；（b）盾构进洞时状态；（c）管片拼装后的状态

1.2.1.2 洞口始发导轨的安装

在围护结构破除后，盾构始发台端部距离洞口加固区必然会产生一定的空隙，为保证盾构在始发时不至于因刀盘悬空而产生盾构"叩头"现象，需要在始发洞内安设洞口始发导轨。安设始发导轨时应在导轨的末端预留足够的空间，以保证盾构在始发时，不致因安设始发导轨而影响刀盘旋转。

始发作为盾构拼装和试推进的工作平台，其拼装的要求就是位置精确和牢固。始发基座一般分为基础部分和托架部分。基础部分一般为钢筋混凝土的条形梁结构或型钢拼装结构，混凝土结构表面需预埋钢板。其主要作用是为托架部分提供牢固和高度合适的平台。

托架部分为钢制的弧形结构，可以很好地托起盾构主机。托架部分为现场拼装，然后根据盾构主机的始发中心位置精确定位，最后和基础部分的预埋钢板牢牢焊接固定。始发基座的安装就位见图5-5-6。

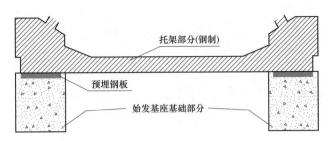

图5-5-6 始发基座的安装就位

1.2.1.3 反力架系统安装

盾构主机拼装的同时，即可开始反力架的安装。反力架的安装位置根据反力架的尺寸、盾构主机的尺寸和管片的尺寸精确确定。反力架安装时有如下三条注意事项：

（1）因为主机也在安装，所以反力架安装时要特别小心，不能碰撞到主机。

（2）反力架安装的位置误差、垂直度误差应控制在10mm以内。

（3）反力架应有牢固的支撑，能为盾构始发提供满足需要的反推力。

由于反力架和始发台为盾构始发时提供初始的推力及初始的空间姿态，在安装反力架和始发台时，反力架左右偏差应控制在±10mm之内，高程偏差应控制在±5mm之内，上下偏差应控制在±10mm之内。始发台水平轴线的垂直方向与反力架的夹角小于±2‰，盾构姿态与设计轴线竖直趋势偏差小于2‰，水平趋势偏差小于±3‰。

1.2.1.4 负环管片安装

盾构连接和反力架安装完成后，即可准备负环管片的安装。

负环位置主要依据洞口第一环管片的起始位置、盾构的长度及盾构刀盘在始发前所能到达的最远位置确定。在确定始发最少负环管片环数后，即可直接定出反力架及负环管片的位置。

在安装负环管片之前，为保证负环管片不破坏尾盾刷、保证负环管片在拼装好以后能顺利向后推进，在盾壳内安设厚度不小于盾尾间隙的方木（或型钢），以使管片在盾壳内的位置得到保证。

第一环负环管片拼装成圆后，用4～5组油缸完成管片的后移。管片在后移过程中，要严格控制每组推进油缸的行程，保证每组推进油缸的行程差小于10mm。在管片的后移过程中，要注意不要使管片从盾壳内的方木（或型钢）上滑落，第一负环的安装示意图见图5-5-7。

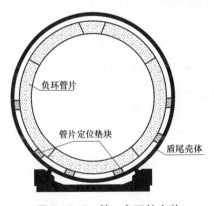

图5-5-7 第一负环的安装

安装具体要求：

（1）分别调试推进系统和管片安装系统，确保这两个系统能稳定工作。

（2）在盾构推进之前割除完洞门内的最后一层钢筋网，为盾构推进做好准备。

（3）在盾尾壳体内安装管片支撑垫块，为管片在盾尾的定位做好准备。

（4）从下至上一次安装第一环管片，并使管片的转动角度符合设计要求，换算位置误差不超过10mm。

（5）安装拱部的管片时，由于管片支撑不足，要及时进行加固。

（6）第一环负环管片拼装完成后，用推进油缸把管片推出盾尾，同时施加一定的推力把管片压紧在反力架上。完成后才可开始下一环管片的安装。

（7）管片在被推出盾尾时，要及时支撑加固，防止管片下沉或失圆。同时，也要考虑到盾构推进时可能产生的偏心力，故支撑应尽可能地稳固。

（8）当刀盘抵拢掌子面时，推进油缸已经可以产生足够的推力稳定管片，就可以把管片定位块去掉了。

1.2.1.5 试掘进与始发掘进

经过数环负环管片的推进后，刀盘已经抵拢掌子面，即可开始刀盘驱动系统和刀盘本身的负载调试和试掘进了。

首先启动驱动系统，认真观察驱动部分，待其工作稳定后缓慢启动刀盘，设定刀盘转速在 1r/min 以内。

刀盘刚开始切割泥土，起初的工作扭矩是不稳定的，数转后扭矩即可稳定，故需认真观察刀盘工作扭矩的变化。

以上情况正常后启动推进系统，用均匀的推力向前推进，推力不能很大，以能使刀盘驱动系统达到 30%的扭矩即可，但最大也不宜大于 500t；维持这样的工作状态掘进 1～2 环，充分检查各系统的工作情况。

逐渐增加盾构的推力，使驱动系统达到 50%～70%的满负荷状态，同时要注意推力不能大于反力架的安全工作能力，观察驱动系统的噪声、震动、温度等工作指标是否正常，检查油脂、泡沫的注入是否正常。

始发注意事项：

（1）盾构机密封刷处已涂满密封油脂。

（2）盾构机始发时应缓慢推进。始发阶段由于设备处于磨合阶段，注意推力、扭矩的控制，同时注意各部分油脂的有效使用。掘进总推力控制在反力架承受能力以下，同时确保在此推力下刀具切入地层所产生的扭矩小于始发架提供的扭矩。

（3）始发前在刀头和密封装置上涂抹油脂，避免刀盘上刀头损害洞门密封装置。始发前在始发架上涂抹油，减少盾构机推进阻力。

（4）始发架导轨必须顺直，严格控制标高，间距及中心轴线，基准环的端面与线路中线垂直。盾构机安装后对盾构机的姿态复测，复测无误后才开始掘进。

（5）盾构刚进洞时，掘进速度宜缓慢，同时加强后盾支撑观测，尽量完善后盾钢支撑。

（6）始发初始掘进时，盾构机位于始发架上，在始发架及盾构机上焊接相对的防扭转装置，为盾构机初始掘进提供反扭矩。

（7）盾构机始发在反力架和洞内正式管片之间安装负环管片，在外侧采取钢丝拉结和木楔加固措施，以保证在传递推力过程中管片不会浮动变位。

1.2.2 盾构正常掘进

盾构主机的盾尾部分完全进入土体一段距离时（一般 3 环），即可开始管片壁后的注浆施工；初期应使用早凝型的浆液，以进快稳定洞门口处的管片；随着掘进地伸入，可以调试浆液的配比，使用注入效率提高，又能保障质量的注浆材料；注浆压力控制在 1.5bar 以内。在始发掘进结束前，注浆系统应该达到完全的工作能力；各种油脂、浆液等系统的工作参数应在此阶段完成优化，达到既能保障施工效率和设备安全，又兼顾经济的目的。

水平和垂直运输系统的配套工作能力也应同时完成，并达到设计工作状态。

隧道内轨道、管线、通风、照明等设备的安装布置呈有规律的生产状态，不再耽误正常的掘进施工。

反力架、负环管片的拆除时间根据管片同步注浆的砂浆性能参数和盾构的始发掘进推力决定。一般情况下，掘进 100m 以上，可以根据工序情况和工作整体安排，开始进行反力架、负环管片拆除。

结合地表变形测量情况和工程质量、盾构设备的要求，盾构始发掘进过程中须对泥水压力、推进速度、总推力、刀盘扭矩、出泥量、注浆量及注浆压力进行反复测量、分析、调整，保证掘进各项数据处于动态平衡状态。

在盾构机掘进中，应保持泥水仓压力与作业面压力平衡，是防止地表沉降、保证隧道沿线建（构）筑物安全的重要因素。

1.2.2.1 泥水压力设定

盾构推进中的泥水压力可表示为

$$P_0 = \alpha \cdot K_0 \cdot \gamma \cdot H$$

式中　α——考虑土体扰动后性质变化、盾构推进速度、超载状况等因素时，正面水土压力的调整系数；

K_0——静止土压系数；

γ——土的容重，kg/m^3；

H——开挖面中心处深度，m。

根据经验，通常合适的泥水仓压力 P_0 范围为：（水压力+主动土压力+预备压）< P_0 <（水压力+被动土压力+预备压），P_0 以相应的静止土压力为中心在此范围内波动。

根据泥水平衡原理，泥水仓内的压力须与开挖面的正面水土压力平衡，以维持开挖面土体的稳定，减少对土层的扰动。

泥水压力设定和管理方法：理论估算，经验判断，确定合理 P_0；精心操作，认真量测，及时反馈信息，通过送排泥浆流量与沉降监测数据对 P_0 进行动态调整，以适应盾构沿线建构筑物的推进工况。

1.2.2.2　隧道内施工布置

初期掘进100m后，拆除临时管片（仅留拱底块）和后座系统，其后转入正常掘进。盾构掘进配置一台电瓶车和相配套的送浆车、管片车等担负隧道内的水平运输。每组车辆由一台电瓶车、两台管片车、一台送浆车编组而成（可根据不同施工阶段进行调整）。

（1）运输钢轨布置。钢轨规格为30kg/m，外侧钢轨为车架行走轨道。钢轨枕采用8号槽钢，钢轨枕间距为800mm，用压板焊接固定钢轨，轨枕间用钢筋拉牢。

（2）隧道照明。隧道照明布置在隧道右侧部位，照明灯具采用12V防潮型节能灯，每10环布置一只，每100m设一只200A分专用电开关箱。

（3）人行走道。人行走道位于照明灯一侧，走道板采用角钢和钢板网结构，宽度0.6m用铁件固定。走道外侧设置栏杆。

（4）隧道排水。隧道入口处设置阻水坝，端头井及隧道内配置足量的排水设备，以保证雨季汛期的隧道安全。

（5）隧道通信。隧道内与井上通信联络采用内线电话。盾构机控制室微型计算机和井上计算机联网。

（6）隧道通风。为改善隧道内的劳动条件，隧道主要采用压入式通风，利用地面布置低噪节能隧道专用通风机，压缩空气经空气净化处理系统、冷却器、滤清气包后向隧道头部送风。盾构掘进隧道内布置示意图见图5-5-8。

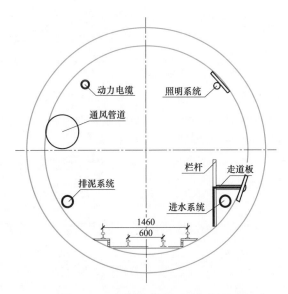

图 5-5-8　盾构掘进隧道内布置示意图

1.2.2.3 衬砌拼装及连接件

（1）隧道衬砌。隧道衬砌由六块预制钢筋混凝土管片拼装而成。衬砌环全环由 1 块小封顶、2 块邻接块及 3 块标准块构成。小封顶拼装方便，施工时可先搭接 1/2 环宽径向推上，再行纵向插入。

（2）衬砌连接螺栓。管片环与环间以 16 根纵向螺栓（M24）相连，块与块间以 12 根环向螺栓（M24）紧密相连。环向螺栓、纵向螺栓均采用锌基铬酸盐涂层做防腐蚀处理。

（3）衬砌拼装施工：

1）管片拼装前要清除盾尾拼装部位的垃圾，并检查管片的型号、外观及密封材料的粘贴情况，如有损坏，必须修复才可拼装。

2）搬运、拼装、推进过程中应采取适当措施，严防缺角、缺边及顶裂，拼装时注意环面平整度的检查，管片环与环之间、块与块之间的"踏步"应小于 4mm。

3）管片成环后，隧道直径变形小于 $2‰D$（D 为隧道外径）。

4）在盾构推好每块管片后，将千斤顶顶紧，并及时拧紧该环、纵向螺栓，并在下一环顶完后进行螺栓复拧，隧道贯通后再次对各环管片的螺栓进行拧紧。

5）隧道在转弯或纠正隧道轴线时，可通过安装不同方向的楔形管片以达到纠偏的目的；也可在管片环背对千斤顶环缝凹处分段粘贴不同厚度石棉橡胶板，石棉橡胶板厚度 1～5mm，管片安装后在千斤顶压缩下形成一平整的楔形环面，以达到转弯和纠偏的目的。粘贴面清除杂物后将石棉橡胶板用专业胶水贴于管片环面上。当粘贴的石棉橡胶板厚度大于 3mm 时，在同处的止水密封背后加贴 3mm 全膨胀橡胶薄板，以保证环缝止水效果。

1.2.2.4 同步注浆和二次注浆

盾构推进中的同步注浆和衬砌壁后补压浆是充填土体与管片圆环间的建筑间隙和减少后期沉降的主要措施，也是盾构推进施工中的一道重要工序。须指派专人负责，对压入位置、压入量、压力值均作详细记录，并根据地层变形监测信息及时调整，确保压浆工序的施工质量。

所以选择的壁后注浆材料应可满足这些目的，充分考虑土质条件，采用可塑状固结系材料，不仅能提高灌入性，还可达到早期强度，稳定地盘，把初期下沉、后期下沉控制在最小限度。

（1）同步注浆。盾构注浆采用同步注浆：随着盾构推进，脱出盾尾的管片与土体间出现"建筑空隙"，即用浆液通过设在管片上的注浆孔压浆予以充填。压入衬砌背面的浆液会发生收缩，为此实际注浆量要超过理论建筑空隙体积。遇松散地层，注浆压力很小而注浆流量却很大时，应考虑增大注浆量，直到注浆压力超过控制压力下限。已经注过浆的管片上部土体发生较大沉降或管片间有较大渗漏时，需进行二次注浆。除控制压浆数量外，还需控制注浆压力。压注要根据施工情况、地质情况对压浆数量和压浆压力二者兼顾。一般情况下，注浆压力约 0.5MPa。压浆速度和掘进保持同步。

（2）二次注浆。盾构施工在管片段后，对地面沉降较大或穿越建筑物段采用双液浆对其进行二次注浆。要求浆液满足泵送要求：泌水率小于 3‰，浆液一天强度不小于 0.2MPa，28 天的强度不小于 2MPa。配比如下：水泥浆与水玻璃体积 1:1，水玻璃用水稀释 1:3，水泥浆水灰比 1:1。

（3）注浆材料的制备。注浆材料由商品浆运至现场后，经储浆筒管道溜入井内运浆车内，运浆车由电瓶车牵引至盾构头部泵入车架注浆箱内待用。

一般情况下，泥浆压入量为"建筑空隙"的 130%～180%。压浆速度和掘进保持同步，即在盾构掘进的同时进行注浆，掘进停止后，注浆也相应停止。

但当遇以下情况时例外：

1）遇松散地层，注浆压力很小而注浆流量却很大时，应考虑增大注浆量，直到注浆压力超过控制压力下限。

2）已经注过浆的管片上部土体发生较大沉降或管片间有较大渗漏时，需进行二次注浆，此时注浆量不受上述限制，只受注浆压力控制。

3）盾构机出洞或进洞时，洞口部位有较大间隙，此时注浆量要根据实际需要量确定。

1.2.3 盾构接收段施工

（1）盾构机接收施工流程见图 5-5-9。

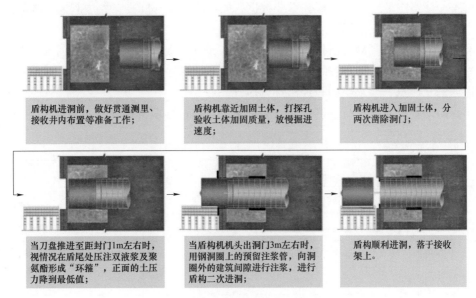

图 5-5-9　盾构机接收施工流程

（2）盾构接收施工步骤和要点见图 5-5-10。

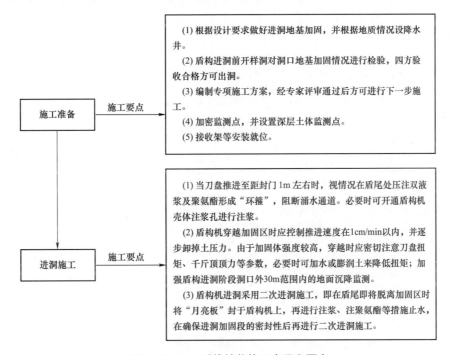

图 5-5-10　盾构接收施工步骤和要点

1.2.4 隧道测量

隧道盾构施工测量的操作流程主要有三个方面：第一，盾构推进前的测量准备工作；第二，盾构推进中的测量工作，这是最关键的一个部分；第三，盾构进洞后的测量工作。

在监控测量中应根据观测对象的变形量、变形速率等调整监控测量方案；地上、地下同一断面内的监控测量数据以及盾构施工参数应同步采集，以便进行分析。地面总沉降控制在+10～-30mm。

进行垂直位移测量时，应在变形区外埋设观测基点，观测基点一般不少于 3 个，在寒冷地区观测基点应埋设在冻土层以下稳定的原状土层中，或埋设在稳固的建（构）筑物的墙上；进行水平位移测量时，应建立水平位移监测网，宜采用具有强制归心装置的观测墩和照准装置。

测量注意事项：

（1）掌握整个隧道主要坐标、高程等重要数据。如穿墙管中心标高，放坡起始点与终点、变坡点起始点与终点、终点高程、终点坐标。

（2）每环一测，主要负责测量盾构机端头，尾部与设计轴线标高、偏差，管片端头与环轴线偏差，盾构机与管片端面形程差，上下左右间隙，并做好记录。

（3）隧道内固定测点，要求牢固并经常进行检查。

（4）每半月对测量控制点进行复测一次。盾构施工监控量测项目见表5-5-1。

表5-5-1 盾构施工监控量测项目

类别	监测项目	主要监测仪器
必测项目	施工线路地表和沿线建筑物、构筑物和管线变形测量	水准仪、全站仪
	隧道结构变形测量（包括拱顶下沉和隧道收敛）	水准仪、收敛计、测距仪
选测项目	土体内部位移（包括垂直和水平）	水准仪、分层沉降仪、测斜仪
	管片内力和变形	压力计
	土层压应力	压力计
	孔隙水压力	孔隙水压计

2. 工艺标准

（1）管片验收标准。质量员检查发现严重缺陷的管片通知工程师，必要时退回厂家，发现一般缺陷时通知施工员安排人员及时处理修补。管片缺陷划分见表5-5-2。

表5-5-2 管片缺陷划分

序号	缺陷	缺陷描述	等级
1	露筋	管片内钢筋未被混凝土包裹而外露	严重缺陷
2	蜂窝	混凝土表面缺少水泥砂浆而形成石子外露	严重缺陷
3	孔洞	混凝土内空穴深度和长度均超过保护层厚度	严重缺陷
4	夹渣	混凝土内夹有杂物且深度超过保护层厚度	严重缺陷
5	疏松	混凝土中局部不密实	严重缺陷
6	裂缝	可见的贯穿裂缝	严重缺陷
7		长度超过密封槽、宽度大于0.1mm，且深度大于1mm的裂缝	严重缺陷
8		非贯穿性干缩裂缝	一般缺陷
9	外形缺陷	棱角磕碰、飞边等	一般缺陷
10	外表缺陷	密封槽部位在长度500mm的范围内存在直径大于5mm，深度大于5mm的气泡不超过5个	严重缺陷
11		管片表面麻面、掉皮、起砂、存在少量气泡等	一般缺陷

（2）隧道施工验收标准见表 5-5-3。

表 5-5-3 　　　　　　　　　隧 道 施 工 验 收 标 准 　　　　　　　　　单位：mm

序号	项目	质量标准
1	轴线偏差	±50
2	管片拼装成环偏差	≤12
3	相邻管片环间高差	≤4
4	环、纵缝张开量	≤2
5	环、纵向螺栓穿过率	100%

（3）验收方法见表 5-5-4。

表 5-5-4 　　　　　　　　　　验 收 方 法

序号	检验项目	允许偏差或允许值	检查数量		检验方法
			范围	点数	
1	相邻环管片允许偏差（mm）	4	每块管片	1	尺量
2	环缝张开（mm）	≤2	每块管片	1	插片
3	纵缝张开（mm）	≤2	每块管片	1	插片
4	衬砌环直径椭圆度（‰）	≤12	每5环	2	手持测距仪

3. 工艺示范

泥水平衡式盾构电缆隧道施工见图 5-5-11～图 5-5-19。

图 5-5-11　管片新型防水材料

图 5-5-12　管片拼装

图 5-5-13　管片吊装运输

图 5-5-14　盾构机吊装

图 5-5-15　盾构机出洞

图 5-5-16　盾构机进洞

图 5-5-17　盾构电缆隧道分仓成型图

图 5-5-18　盾构电缆隧道成型图

图 5-5-19　盾构隧道成型效果图

4. 设计图例

盾构管片构造图见图 5-5-20。

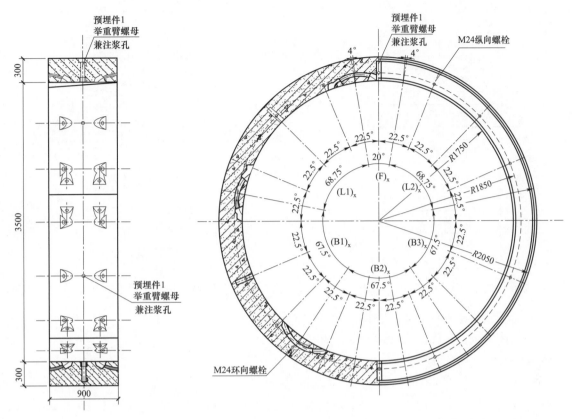

图 5-5-20 盾构管片构造图

第六节 电缆隧道通风、排水、照明工程施工工艺

本节适用于电缆隧道通风、排水、照明工程施工工艺。

1. 工艺流程

1.1 工艺流程图

1.1.1 电缆隧道内通风系统安装
电缆隧道内通风系统安装施工工艺流程图见图 5-6-1。

1.1.2 电缆隧道内排水系统安装
电缆隧道内排水系统安装施工工艺流程图见图 5-6-2。

1.1.3 电缆隧道内电气系统安装
电缆隧道内电气系统安装施工工艺流程图见图 5-6-3。

1.2 关键工序控制

1.2.1 施工准备
（1）施工前，应根据设计提供的施工图做好施工图会审，施工方案按规定进行审批，并向作业班组及供货厂家做好技术交底。

（2）所有施工机械、测量工器具等均应合格有效。

（3）进场材料按照规范要求复试检测，检测报告报审批完成后使用。

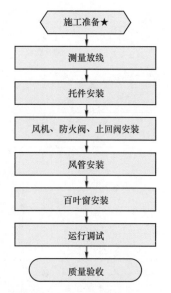

图 5-6-1 电缆隧道内通风系统安装施工工艺流程图

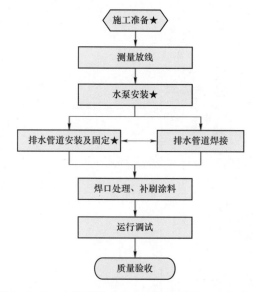

图 5-6-2 电缆隧道内排水系统安装施工工艺流程图

（4）风机设置温度自动控制，温度超过 40℃时启动风机，低于 35℃时关闭风机，每天排风时间不少于 30min。另外在隧道入口处设置风机手动控制箱。

（5）风机与火灾报警控制器设置联动，发生火灾时，风机联动关闭；火灾扑灭后，手动启动风机进行排烟。

1.2.2 隧道通风系统安装施工

（1）风道采用咬口连接，不得焊接。所有管道必须设置支吊架，且不少于 2 个。

（2）防火阀安装时应对其外观质量和动作的灵活性和可靠性进行检验，确认合格后才能安装，防火阀单独配支吊架。

（3）各支吊架安装前应表面除锈，并刷底漆和色漆各两遍。

（4）通风系统安装完毕后粘贴气流方向标识和各种阀体和扳手动作方位。

（5）所有风管附件均采用不燃材料。

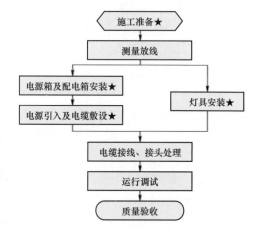

图 5-6-3 电缆隧道内电气系统安装施工
工艺流程图

（6）风管穿结构处设钢板套管，风管与套管之间的间隙采用柔性不燃材料封堵。

（7）通风系统直通大气的进出口设置不锈钢丝防护网，防护网采用膨胀螺栓与结构连接，或用铆接方式与风道连接牢固。

（8）通风设备采用低噪声节能设备，噪声控制值宜不大于 70dB（A），宜采用温度控制的运行方式。

1.2.3 隧道排水系统安装施工

1.2.3.1 水泵安装

（1）安装水泵前：将水泵垂直立放，打开放气孔与注水孔，加满清水后，观察水泵是否漏水；测量电机绝缘电阻，其值不低于设计要求。测量电机转向，应与水泵上所标的箭头方向是否一致，并做好相序标记。

（2）水泵安装完毕后进行试机，启动时间根据电机功率控制在 10~25s 之间，确认电流不应过载，三相电流应平衡。

（3）过载、过流、缺相、短路、灵敏度调试为安装重要控制项目。

1.2.3.2 排水管道安装及固定

（1）安装前先测量好管道路线及坡度，控制好标高及轴线。

（2）坡口加工：

1）壁厚均小于 25mm，采用 25°~30°的 V 形坡口。

2）管道坡口采用氧气—乙炔半自动割刀加工，半自动割刀无法加工的特殊部位可采用手工切割加工。

3）坡口加工后必须除去坡口表面的氧化皮、溶渣及影响接头质量的表面后，应将凹凸不平处打磨平整。

（3）钢管焊接：

1）管节组对焊接时应先修口、清根，管端端面的坡口角度、钝边、间隙应符合规范要求。

2）焊接设备：焊接设备应处于正常工作状态，安全可靠，满足焊接工艺和材料的要求，其上的计量仪表必须经校验合格。

3）焊接材料：采用 E50 型焊条，焊条不得有药皮脱落、裂纹等，并应保持干燥。

4）焊缝：焊缝要求平滑，不得有气孔夹渣等焊接缺陷，发现缺陷及时修补。

（4）防腐：

1）管道拼接完毕后焊缝必须进行防腐。

2）焊缝表面涂装前，必须进行表面预处理。在预处理前，钢材表面的焊渣、毛刺、油脂等污物应清理干净。

1.2.4 隧道电气系统安装施工

1.2.4.1 电源箱及配电箱安装

（1）安装前检查配电箱、盘规格型号须符合设计要求，配电齐全完整，柜的排列顺序号正确。柜体漆层应完好无损，多台柜颜色应一致。盘面标志牌，标志框齐全、正确、清晰。

（2）所有螺栓、螺钉、螺帽及垫片必须使用抗腐蚀之钢材制作。螺栓、螺帽下必须加垫片。

（3）配电箱、盘的接地应牢固良好。装有电器的可开启的门，应以裸铜软线与接地的金属构架可靠地连接。

（4）动力配电箱须为全封闭型，有相别标记，并附有电气系统图及相关数据。

（5）隧道配电箱防护等级：IP5/IP8（防尘/防连续浸水），壁挂安装。

1.2.4.2 灯具安装

（1）安装灯具时，冲击钻头应垂直隧道壁，安装螺栓的头部偏斜值不大于 2mm，膨胀螺栓要固定牢靠。

（2）灯具外观完好，各部件连接可靠，密封满足要求。

（3）隧道灯具尾线全部采用阻燃电缆。将灯具尾线与已敷设在 PVC 管内的配电电缆连接（所有接头全部焊锡处理），所留接头长度为 300mm 以便未来灯具更换施工，缠绕高压绝缘防水胶布后，再缠绕相色带。

（4）灯具应安装于同一直线，调整灯具在同一照射角度。

（5）开关安装在图纸指定位置，不妨碍隧道内其他相关工作。

1.2.4.3 电源引入及电缆敷设

（1）配电箱内导线的预留长度应为配电箱体长度的 1/2。

（2）电线管在穿线前，应首先检查各个管口的护口是否齐整，如有遗漏或破损，均应补齐和更换。

（3）电缆敷设完成后使用塑料扎带将槽盒内电缆分类绑扎，使电缆槽盒内整齐美观。

（4）所有电缆入箱、入管或转弯处装设电路名牌。

（5）隧道内自动电缆沿自用电缆支架（或槽盒）敷设，跨越防火分区时设防火封堵，电缆从自用电缆支架采用穿钢管明敷形式引入设备。

2. 工艺标准

2.1 通风系统安装

（1）传动装置的外露部位以及直通大气的进、出口，必须装设防护罩（网）或采取其他安全设施。

（2）型号、规格应符合设计规定，其出口方向应正确；叶轮旋转应平稳，停转后不应每次停留在同一位置上；固定通风机的地脚螺栓应拧紧，并有防松动措施。

（3）现场组装的轴流风机叶片安装角度应一致，达到在同一平面内运转，叶轮与筒体之间的间隙应均匀，水平度允许偏差为 1/1000。

（4）在风管穿过需要封闭的防火、防爆的墙体或楼板时，应设预埋管或防护套管，其钢板厚度不应小于 1.6mm。风管与防护套管之间，应用不燃且对人体无危害的柔性材料封堵。

（5）隧道内环境应满足电缆运行及工作人员人身安全。电缆运行适宜环境温度在 40℃ 以下。

（6）风机及其附件应能在 280℃ 的环境条件下连续工作不少于 30min。

2.2 排水系统安装

（1）隐蔽或埋地的排水管道在隐蔽前必须做灌水试验，水位满水 15min 水面不下降，管道及接口无渗漏为合格。

（2）排水管道必须按照设计要求及位置安装，符合相关规范要求。

（3）排水口应设置在检查井或泄压井内，坡度为 5%。

（4）固定在承重结构上立管底部的弯管处应设支墩或采取固定措施。

（5）安装偏差：坐标不大于 15mm；标高 ±15mm；管径不大于 1.0～1.5mm；垂直度每米不大于 3mm。

（6）底板散水坡度应统一指向集水坑，散水坡度宜取 0.5% 左右。

（7）集水坑尺寸应能满足排水泵放置要求。

（8）坑顶宜设置保护盖板，盖板上设置泄水孔。

（9）集水坑应根据电缆沟（电缆隧道）的平面尺寸及外形合理设置。

2.3 电气系统（照明）系统安装

（1）金属框架必须接地或接零可靠；装有电气的可开门，门和框架的接地端子间应用裸编织铜线连接，且有标识。

（2）配电箱（盘）间线路的线间、线对地间绝缘电阻值，馈电线路不应小于 0.5MΩ，二次回路不应小于 1MΩ。

（3）低压配电箱交接试验，试验电压为 1000V。当回路绝缘电阻值大于 10MΩ 时，可采用 2500V 兆欧表代替，试验持续时间为 1min，无闪络击穿现象或符合产品技术规定。

（4）配电装置内不同电源的馈线间或馈线两侧的相位应一致。

（5）照明灯具安装牢固，外壳绝缘良好，坚固耐热潮湿；外壳完整无损伤，灯罩无裂纹、凹陷或沟槽。灯具固定螺栓无松动、锈蚀。

（6）灯具电缆连接处使用封堵材料密封良好。

（7）灯具及开关电缆接头处已使用烫锡或其他措施密封良好。

（8）隧道照明电压宜采用直流 24V，如采用交流 220V 电压时，应有防止触电的安全措施。

（9）隧道内电气设备应采取防潮措施。

3. 工艺示范

通风、排水、照明系统安装分别见图 5-6-4～图 5-6-9。

图 5-6-4　风机安装图

图 5-6-5　风管安装图

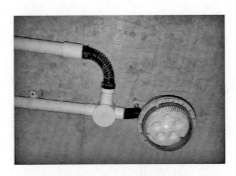

图 5-6-6 灯具安装图

图 5-6-7 配电箱、控制柜安装图

图 5-6-8 灯线管安装图

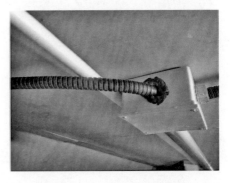

图 5-6-9 灯线盒封堵细节图

4. 设计图例

电缆隧道照明灯具安装图、照明灯具安装示意图、通风系统示意图、通风系统剖面图、竖井底板排水平面图、排水系统示意图见图 5-6-10～图 5-6-15。

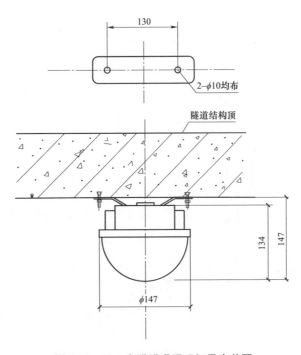

图 5-6-10 电缆隧道照明灯具安装图

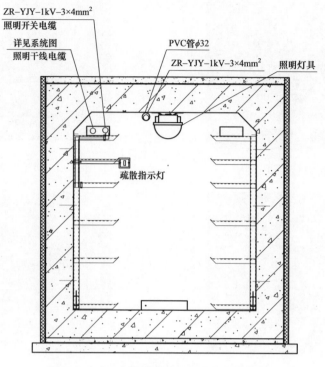

图 5-6-11　电缆隧道照明灯具安装示意图

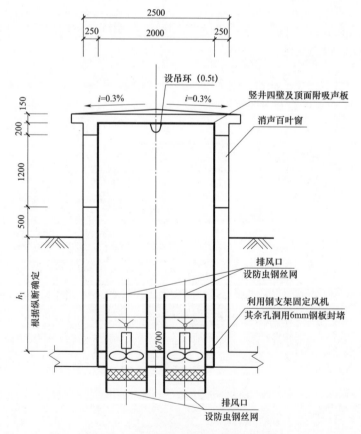

图 5-6-12　电缆隧道通风系统示意图

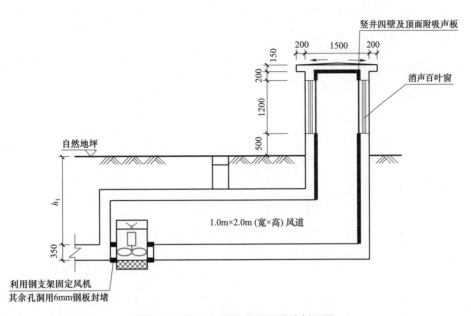

竖井四壁及顶面附吸声板

消声百叶窗

自然地坪

1.0m×2.0m（宽×高）风道

利用钢支架固定风机
其余孔洞用6mm钢板封堵

图 5-6-13　电缆隧道通风系统剖面图

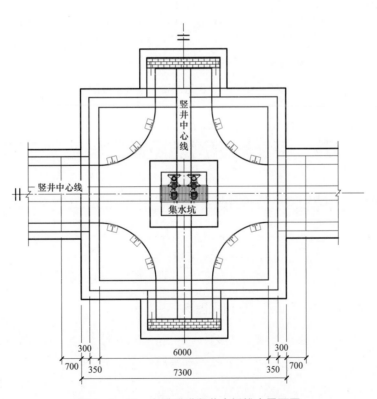

竖井中心线

竖井中心线

集水坑

图 5-6-14　电缆隧道竖井底板排水平面图

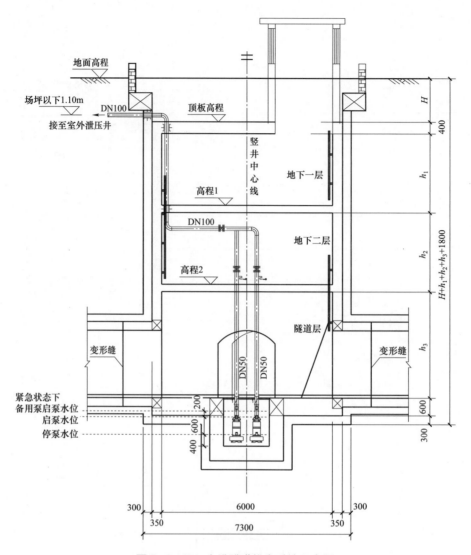

图 5-6-15　电缆隧道排水系统示意图

第七节　电缆隧道消防设施工程施工工艺

本节适用于电缆隧道工程内消防设施的安装。

1. 工艺流程

1.1　工艺流程图

电缆隧道内消防设施安装施工工艺流程图见图 5-7-1。

1.2　关键工序控制

1.2.1　施工准备
（1）施工前，应根据设计提供的施工图做好技术交底。

（2）灭火装置进场后进行验收，合格后进行安装。

1.2.2　消防装置安装施工
（1）消防装置一般采用悬挂式超细干粉灭火弹，悬挂应采用 U 形环。

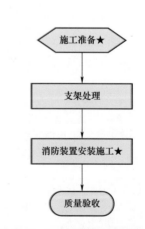

图 5-7-1　电缆隧道内消防设施
安装施工工艺流程图

（2）宜安装在电缆接头上方 0.5m 以上，不超过 3m 的位置。

2. 工艺标准

（1）应安装在隧道支架的第一档，位置应正对下方电缆接头，悬挂牢固。
（2）压力表朝向便于人员读数位置。
（3）灭火装置应在有效期内，压力值应在合格范围内。
（4）规格型号应符合设计图要求。

3. 工艺示范

隧道灭火装置安装图及细节图等分别见图 5-7-2 和图 5-7-3。

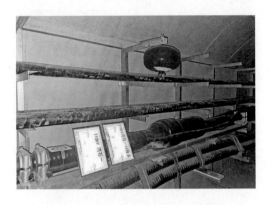 

图 5-7-2　隧道灭火装置安装图　　　　　　图 5-7-3　隧道灭火装置细节图

4. 设计图例

隧道灭火弹装置安装图见图 5-7-4。

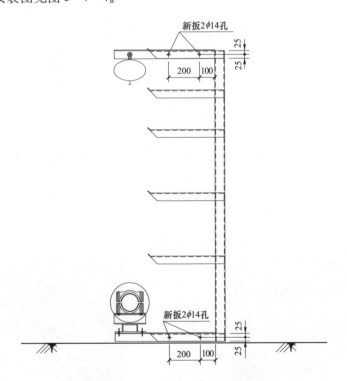

图 5-7-4　隧道灭火弹装置安装图

第八节 电缆隧道电缆支架工程施工工艺

本节适用于电缆隧道工程内电缆支架的安装。

1. 工艺流程

1.1 工艺流程图

电缆隧道内电缆支架安装施工工艺流程图见图5-8-1。

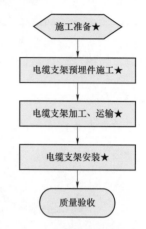

图5-8-1 电缆隧道内电缆支架
安装施工工艺流程图

1.2 关键工序控制

1.2.1 施工准备

施工前,应根据设计提供的施工图做好施工图会审,向加工厂家做好技术交底。

1.2.2 电缆支架预埋件施工

(1)预埋件位置应准确、牢固可靠,埋入结构部分应除锈、除油污不应涂漆。

(2)固定支架预埋位置及形式应符合设计要求。

(3)若采用预埋钢板,则应符合设计图要求;若采用预埋槽道,则应具有足够的耐久性、安全性。

1.2.3 电缆支架加工

(1)电缆支架使用的钢材钢材应平直,应无明显扭曲;下料偏差应在5mm以内,切口应无卷边、毛刺,靠通道侧应有钝化处理。

(2)金属电缆支架应进行防腐处理。

1.2.4 电缆支架安装

(1)电缆支架的层间允许最小距离应符合设计要求,电缆支架最上层及最下层至顶板或底板的距离应符合设计要求。

(2)金属电缆支架应可靠接地,安装牢固。支架固定方式应符合设计要求。

(3)安装的电缆支架,应与电缆隧道底板垂直。

2. 工艺标准

(1)电缆支架焊接应牢固,应无明显变形;各横撑间的垂直净距与设计偏差不应大于5mm。

(2)水平安装的电缆支架,各支架的同层横档应在同一水平面上,偏差不应大于5mm。

3. 工艺示范

电缆支架安装等分别见图5-8-2和图5-8-3。

图5-8-2 电缆支架安装(一)

图5-8-3 电缆支架安装(二)

4. 设计图例

电缆支架立面图见图 5-8-4，电缆支架大样图见图 5-8-5。

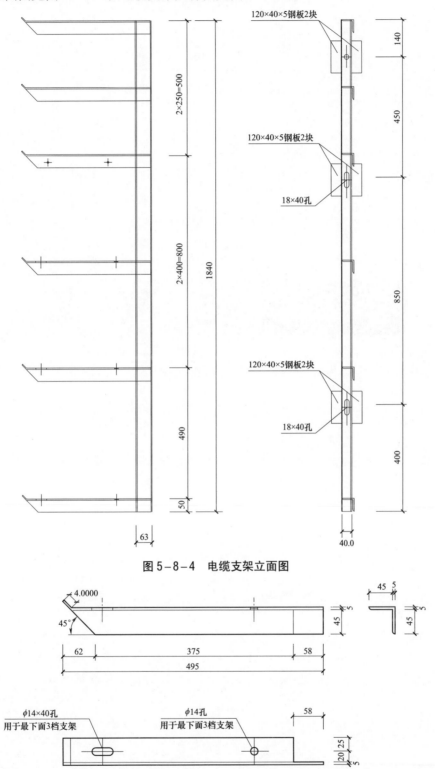

图 5-8-4　电缆支架立面图

图 5-8-5　电缆支架大样图

第2篇 电气篇

第6章 高压电缆敷设施工

第一节 高压电缆直埋敷设施工

1. 工艺流程

1.1 工艺流程图

高压电缆直埋敷设施工工艺流程见图 6－1－1。

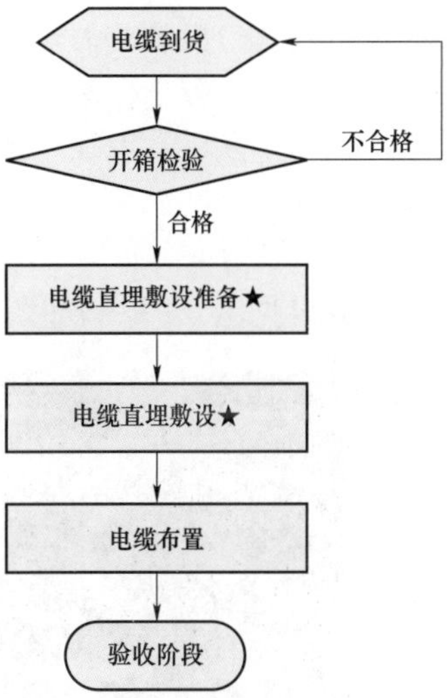

图 6－1－1 高压电缆直埋敷设施工工艺流程图

1.2 关键工序控制

1.2.1 电缆直埋敷设准备

（1）敷设前，必须根据敷设施工设计图所选择的电缆路径，实地勘查。电缆路径必须经城市规划管理部门确认。电缆敷设前应按设计和实际路径计算每根电缆的长度，合理安排每盘电缆，减少电缆接头。电缆中间接头位置应避免设置在倾斜处、转弯处、交叉路口、建筑物门口、与其他管线交叉处。严禁设置在变电站电缆夹层内。

（2）电缆敷设前，在线盘处、转角处使用专用转弯器具，将电缆盘、牵引机和滚轮等布置在适当的位置。

（3）使用机械敷设大截面电缆时，应在施工方案中明确敷设方法、线盘架设位置、电缆牵引方向，校核牵引力和侧压力。电缆敷设时，转弯处的侧压力应符合制造厂规定，无规定时不应大于 3kN/m。

（4）电缆盘应有安全、可靠的制动措施，在紧急情况下迅速停止敷设电缆。使用履带输送机敷设电缆时，卷扬机和履带输送机之间必须有联动控制装置。

（5）电缆敷设前 24h 内的平均温度以及敷设现场的温度不应低于 0℃，或环境温度不得低于不同电缆所允许敷设的最低温度要求。当温度过低时，应采取有效措施。

1.2.2 电缆直埋敷设

（1）机械敷设电缆时，应在牵引头或钢丝网套与牵引钢丝绳之间安装防捻器，在电缆牵引头、电缆盘、牵引机、过路管口、转弯处及可能造成电缆损伤处应采取保护措施，有专人监护并保持通信畅通。

（2）电缆敷设过程中，不允许电缆与地面直接发生摩擦，电缆敷设过程应无机械损伤。

（3）有铠装多芯电缆最小弯曲半径应为电缆外径的 12 倍，有铠装单芯电缆最小弯曲半径应为电缆外径的 15 倍；无铠装多芯电缆最小弯曲半径应为电缆外径的 15 倍，无铠装单芯电缆最小弯曲半径应为电缆外径的 20 倍。

（4）敷设时电缆端部应用牵引头或钢丝网罩，机械敷设电缆的速度不宜超过 15m/min，110kV 及以上的电缆在较复杂路径上敷设时，不宜超过 6m/min。

（5）110kV 及以上电缆敷设到位后，应进行电缆外护套绝缘电阻测试。

2. 工艺标准

（1）直埋于地下的电缆上下应铺不小于 100mm 厚的软土或砂层，并加盖电缆保护板，其覆盖宽度应超过电缆两侧各 50mm，电缆保护板上方铺设电缆标识带。

（2）电缆表面距地面距离不应小于 0.7m。穿越农田或在车行道下敷设不应小于 1m；在引入建筑物、与地下建筑物交叉及绕过地下建筑物处，可浅埋，但应采取保护措施。

（3）有铠装多芯电缆最小弯曲半径应为电缆外径的 12 倍，有铠装单芯电缆最小弯曲半径应为电缆外径的 15 倍；无铠装多芯电缆最小弯曲半径应为电缆外径的 15 倍，无铠装单芯电缆最小弯曲半径应为电缆外径的 20 倍。

（4）直埋敷设的电缆，不得平行敷设于管道的正上方或正下方；高电压等级的电缆宜敷设在低电压级电缆的下面。

（5）直埋电缆在直线段每隔 50~100m 处，电缆接头处、转弯处，进入建筑物等处，应设置明显的方位标志或标桩。

（6）电缆沟（隧道）有条件的情况下宜设计余缆沟，留有备用不少于一支电缆接头的检修长度。

（7）110kV 电缆直埋敷设后应进行蛇形布置。

（8）110kV 及以上电缆外护套绝缘电阻值每千米不小于 0.5MΩ。

3. 工艺示范

电缆敷设见图 6-1-2 和图 6-1-3。

图 6-1-2 电缆敷设（一）　　　　　　　　图 6-1-3 电缆敷设（二）

4. 设计图例

单回电缆蛇形敷设断面见图 6-1-4 和图 6-1-5。

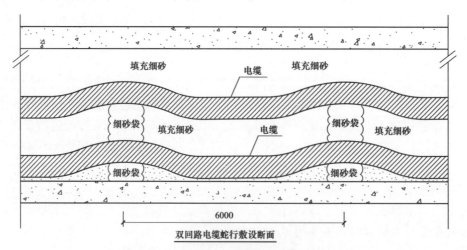

图 6-1-4 单回电缆蛇形敷设断面（一）

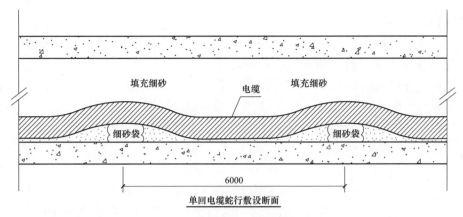

填充细砂　　　　电缆　　　填充细砂

细砂袋　　　　　　　　　　　细砂袋

6000

单回电缆蛇行敷设断面

图6-1-5　单回电缆蛇形敷设断面（二）

第二节　高压电缆穿管敷设施工

1. 工艺流程

1.1　工艺流程图

高压电缆穿管敷设施工工艺流程见图6-2-1。

1.2　关键工序控制

1.2.1　电缆穿管敷设准备

（1）管道建成后及敷设电缆前，对电缆敷设所用到的每一孔管道都应用相应规格的疏通工具进行疏通。

（2）清除管内壁的尖刺和杂物，必要时使用废旧电缆进行模拟敷设，防止敷设时损伤电缆。

（3）电缆敷设前，在线盘处、工井口及工井内转角处搭建放线架，将电缆盘、牵引机、输送机、滚轮等布置在适当的位置。

（4）电缆进入管道前，宜在电缆表面涂中性润滑剂。

（5）使用机械敷设大截面电缆时，应在施工方案中明确敷设方法、线盘架设位置、电缆牵引方向，校核牵引力和侧压力。电缆敷设时，转弯处的侧压力应符合制造厂规定，无规定时不应大于3kN/m。

（6）电缆盘应有可靠的制动措施，在紧急情况下迅速停止敷设电缆。使用履带输送机敷设电缆时，卷扬机和履带输送机之间必须有联动控制装置。

1.2.2　电缆穿管敷设

（1）电缆敷设时，管口应安装光滑的喇叭口，保证电缆敷设时不损伤电缆外护套。

（2）机械敷设电缆时，应在牵引头或钢丝网套与牵引钢丝绳之间安装防捻器，在电缆牵引头、电缆盘、牵引机、进出管道口、转弯处及可能造成电缆损伤处应有专人监护并保持通信畅通，确保电缆护层在敷设过程中无损伤。

（3）有铠装多芯电缆最小弯曲半径应为电缆外径的12倍，有铠装单芯电缆最小弯曲半径应为电缆外径的15倍；无铠装多芯电缆最小弯曲半径应为电缆外径的15倍，无铠装单芯电缆最小弯曲半径应为

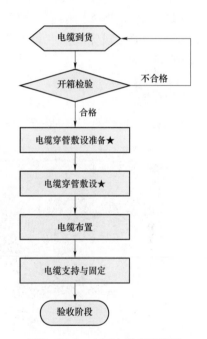

电缆到货

开箱检验　　　不合格

合格

电缆穿管敷设准备★

电缆穿管敷设★

电缆布置

电缆支持与固定

验收阶段

图6-2-1　高压电缆穿管敷设施工工艺流程图

电缆外径的 20 倍。

（4）敷设时电缆端部应用牵引头或钢丝网罩，机械敷设电缆的速度不宜超过 15m/min，110kV 及以上的电缆在较复杂路径上敷设时，不宜超过 6m/min。

（5）敷设电缆时环境温度不得低于不同电缆所允许敷设的最低温度要求，必要时应将电缆预热。

（6）电缆敷设后，按设计要求将管口做好防水封堵和防火措施。

（7）110kV 及以上电缆敷设到位后，应进行电缆外护套绝缘电阻测试。

2. 工艺标准

（1）有铠装多芯电缆最小弯曲半径应为电缆外径的 12 倍，有铠装单芯电缆最小弯曲半径应为电缆外径的 15 倍；无铠装多芯电缆最小弯曲半径应为电缆外径的 15 倍，无铠装单芯电缆最小弯曲半径应为电缆外径的 20 倍。

（2）电缆在工井内敷设后应使用非导磁性材质卡箍或尼龙扎带固定在电缆支架上，卡箍及尼龙扎带数量满足设计要求。

（3）电缆管口防火措施、防水封堵应满足设计及规范要求。

（4）电缆在接头处宜留有备用的不少于一支电缆接头检修长度。

（5）110kV 及以上电缆外护套绝缘电阻值每千米不小于 0.5MΩ。

（6）电缆敷设完成后在每条（相）电缆应上张贴或悬挂电缆铭牌，电缆穿管路径上应装设电缆标识牌/桩。

3. 工艺示范

电缆穿管敷设见图 6-2-2～图 6-2-4。

图 6-2-2　电缆穿管敷设（一）

图 6-2-3　电缆穿管敷设（二）

图 6-2-4　电缆穿管敷设（三）

4. 设计图例

（1）工井内电缆敷设见图6－2－5。

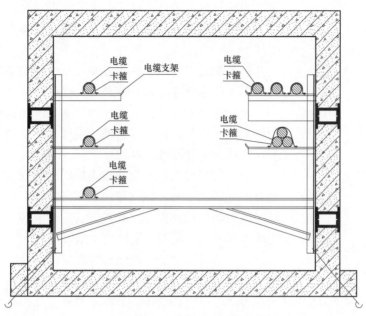

图6－2－5　工井内电缆敷设

（2）排管内电缆敷设见图6－2－6。

（3）拉管内电缆敷设见图6－2－7。

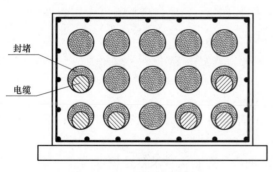

图6－2－6　排管内电缆敷设

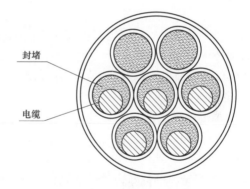

图6－2－7　拉管内电缆敷设

第三节　高压电缆隧道敷设施工

1. 工艺流程

1.1　工艺流程图

高压电缆隧道敷设施工工艺流程见图6－3－1。

1.2　关键工序控制

1.2.1　电缆隧道敷设

（1）电缆敷设前，在线盘处、隧道口、隧道竖井内及隧道内转角处搭建放线架，将电缆盘、牵引机、

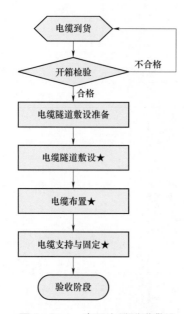

图 6-3-1 高压电缆隧道敷设
施工工艺流程图

履带输送机、滚轮等布置在适当的位置。

（2）应在施工方案中明确敷设方法、线盘架设位置、电缆牵引方向，校核牵引力和侧压力。110kV 及以上电缆敷设时，转弯处的侧压力应符合制造厂规定，无规定时不应大于 3kN/m。

（3）电缆盘应有可靠的制动措施，在紧急情况下迅速停止敷设电缆。

（4）敷设电缆时，在电缆牵引头、电缆盘、牵引机、履带输送机、电缆转弯处等应设有专人负责检查并保持通信畅通。

（5）电缆敷设施工时，在隧道内宜采用滚轮进行长距离电缆敷设时，每个滚轮两侧均要有防止电缆滑落的档棒，档棒应选用不会损伤电缆护层且弹性较好的材质。

（6）使用履带输送机敷设电缆时，卷扬机和履带输送机之间必须有联动控制装置。联动控制系统应能在总控设备上统一控制所有输送设备的启动和停止，分控设备应设有装置，一旦有输送设备或电缆出现异常，能及时制停整个系统。

（7）有铠装多芯电缆最小弯曲半径应为电缆外径的 12 倍，有铠装单芯电缆最小弯曲半径应为电缆外径的 15 倍；无铠装多芯电缆最小弯曲半径应为电缆外径的 15 倍，无铠装单芯电缆最小弯曲半径应为电缆外径的 20 倍。

（8）机械敷设电缆的速度不宜超过 15m/min，110kV 及以上的电缆在较复杂路径上敷设时，不宜超过 6m/min。

（9）敷设电缆时环境温度不得低于不同电缆所允许敷设的最低温度要求，必要时应将电缆预热。

（10）电缆敷设后，应根据设计要求将电缆固定在电缆支架上，如采用蛇形敷设应按照设计规定的蛇形节距和幅度进行固定。

（11）110kV 电缆敷设到位后，应进行外护套耐压试验。

1.2.2 电缆支持与固定

1.2.2.1 电缆刚性固定

（1）两个相邻夹具间的电缆受自重、热胀冷缩所产生的轴向推力作用或电动力作用后，不能发生任何弯曲变形。

（2）固定金具的数量需经过核算和验证，相邻夹具的间距应符合设计及规范要求。

（3）固定电缆用的夹具应具有表面平滑、便于安装、足够的机械强度和适合使用环境的耐久性特点。

（4）交流单芯电缆的刚性固定，应采用不构成磁性闭合回路的夹具。

（5）固定夹具安装时宜使用力矩扳手对夹具两边螺栓交替地进行紧固，使所有夹具松紧程度一致，电缆受力均匀。

1.2.2.2 电缆挠性固定

（1）电缆敷设在工井的排管出口处可作挠性固定。

（2）竖井内的大截面电缆可借助夹具作蛇形敷设，并在竖井顶端作悬挂式，以吸收由热机械力带来的变形。

（3）电缆蛇形敷设的每一节距部位，宜采用挠性固定，以吸收由热机械力带来的变形。每 3～5m 可采用具有一定承载力的尼龙绳索或扎带绑扎固定电缆，绑扎数量需经过核算和验证。

（4）挠性固定方式其夹具的间距在垂直敷设时，取决于由于电缆自重下垂所形成的不均匀弯曲度，一般采用的间距为 3～6m。当为水平敷设时，夹具的间距可以适当放大。

（5）不得采用磁性材料金属丝直接捆扎电缆。

1.2.3 电缆布置

（1）电缆进行蛇形敷设时，必须按照设计规定的蛇形节距和幅度进行电缆固定。

（2）宜使用专用电缆敷设器具，并使用专用机具调整电缆的蛇形波幅，严禁用有尖锐棱角铁器撬电缆。

（3）电缆的夹具一般采用 2 片或 3 片组合结构，并采用非磁性材料。

（4）电缆和夹具间要加衬垫。

（5）水平蛇形布置时，蛇形弧支架滑板宜采用耐磨材料且摩擦系数要小，固定滑板的螺栓不应影响电缆自由滑动。

2. 工艺标准

2.1 电缆隧道/沟道敷设

（1）电缆应排列整齐，走向合理，不宜交叉。

（2）有铠装多芯电缆最小弯曲半径应为电缆外径的 12 倍，有铠装单芯电缆最小弯曲半径应为电缆外径的 15 倍；无铠装多芯电缆最小弯曲半径应为电缆外径的 15 倍，无铠装单芯电缆最小弯曲半径应为电缆外径的 20 倍。

（3）电缆在接头处宜留有备用不少于一支电缆接头的检修长度。

（4）110kV 及以上电缆外护套绝缘电阻值每千米不小于 0.5MΩ。

（5）电缆敷设完成后在每条/相电缆应上张贴/悬挂电缆参数牌。

2.2 电缆刚性固定

（1）水平敷设时，在终端、接头或转弯处紧邻部位的电缆上，应设置不少于 1 处的刚性固定。

（2）在垂直或斜坡的高位侧，宜设置不少于 2 处的刚性固定。

（3）夹具数量符合计算要求，电缆支持点间距离符合验收规范要求。固定夹具的螺栓、弹簧垫圈、垫片齐全，螺栓长度宜露出螺母 2～3 扣。

2.3 电缆挠性固定

挠性固定电缆用的夹具、扎带、捆绳或支托架等部件，应具有表面光滑、便于安装、足够的机械强度和适合使用环境的耐久性特点。

2.4 电缆蛇形布置

（1）电缆在电缆沟、隧道内敷设时应采用蛇形布置，即在每个蛇形弧的顶部把电缆固定于支架上，靠近接头部位用夹具刚性固定。

（2）电缆蛇形布置的参数选择，应保证电缆因温度变化产生的轴向热应力无损电缆绝缘，不致对电缆金属套长期使用产生疲劳断裂，宜按允许拘束力条件确定。

（3）水平蛇形布置时，宜在支撑蛇形弧的支架上设置滑板。

（4）三相品字垂直蛇形布置时除在每个蛇形弧的顶部把电缆固定于支架上外，还应根据电动力核算情况增加必要的绑扎。

3. 工艺示范

电缆隧道/电缆沟电缆敷设见图 6-3-2，电缆刚性固定见图 6-3-3 和图 6-3-4，电缆挠性固定——夹具见图 6-3-5，电缆挠性固定——扎带见图 6-3-6，电缆挠性固定——伸缩弧见图 6-3-7，电缆垂直蛇形敷设成品见图 6-3-8，电缆水平蛇形敷设成品见图 6-3-9。

图 6-3-2　电缆隧道/电缆沟电缆敷设

图 6-3-3　电缆刚性固定（一）

图 6-3-4　电缆刚性固定（二）

图 6-3-5　电缆挠性固定——夹具

图 6-3-6　电缆挠性固定——扎带

图 6-3-7　电缆挠性固定——伸缩弧

图 6-3-8　电缆垂直蛇形敷设成品

图 6-3-9　电缆水平蛇形敷设成品

4. 设计图例

（1）隧道内电缆敷设见图 6-3-10。

（2）竖井内电缆敷设见图 6-3-11。

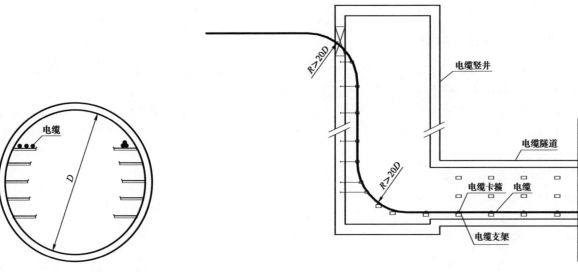

图 6-3-10 隧道内电缆敷设　　　　　　图 6-3-11 竖井内电缆敷设

第四节　电缆登杆（塔）/引上敷设

1. 工艺流程

1.1 工艺流程图

　　电缆登杆（塔）/引上敷设施工工艺流程见图 6-4-1。

1.2 关键工序控制

1.2.1 电缆登杆（塔）/引上敷设

　　（1）需要登杆（塔）/引上敷设的电缆，在敷设时预留备用检修电缆时，电缆不能打圈（设计有特殊要求除外）。

　　（2）单芯电缆的夹具一般采用两半组合结构，并采用非磁性材料、弹簧承载。

　　（3）有铠装多芯电缆最小弯曲半径应为电缆外径的 12 倍，有铠装单芯电缆最小弯曲半径应为电缆外径的 15 倍；无铠装多芯电缆最小弯曲半径应为电缆外径的 15 倍，无铠装单芯电缆最小弯曲半径应为电缆外径的 20 倍。

　　（4）110kV 及以上电缆敷设到位后，应进行电缆外护套绝缘电阻测试。

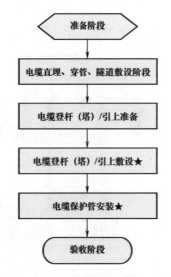

图 6-4-1　电缆登杆（塔）/引上
敷设施工工艺流程图

1.2.2 电缆保护管安装

　　（1）35kV 及以上电缆保护管宜采用防火材质两个半圆管或圆管，交流单芯电缆所用管材应采用非磁性材料并符合环保要求。

　　（2）金属保护管断口处不得因切割造成锋利切口、不得将切割过程中产生的金属屑残留于管内，避免金属管断口割伤电缆外护层，金属管管口要做胀口处理。

　　（3）保护管下口应进行钝化处理，确保电缆进入保护管时外护层不受损伤。

　　（4）保护管固定螺丝应采取有效的防盗措施。

2. 工艺标准

2.1 电缆登杆（塔）/引上敷设

（1）电缆登杆（塔）应设置电缆终端支架（或平台）、避雷器、接地箱及接地引下线。终端支架的定位尺寸应满足各相导体对接地部分和相间距离、带电检修的安全距离。

（2）有铠装多芯电缆最小弯曲半径应为电缆外径的 12 倍，有铠装单芯电缆最小弯曲半径应为电缆外径的 15 倍；无铠装多芯电缆最小弯曲半径应为电缆外径的 15 倍，无铠装单芯电缆最小弯曲半径应为电缆外径的 20 倍。

（3）单芯电缆应采用非磁性材料制成的夹具，登塔电缆夹具开档一般不大于 1.5m。

（4）电缆在终端处宜留有备用不少于一支电缆接头的检修长度。

（5）110kV 及以上电缆外护套绝缘电阻值每千米不小于 0.5MΩ。

（6）电缆敷设后在每条/相电缆应上张贴/悬挂电缆参数牌。

2.2 电缆保护管安装

（1）露出地面的保护管总长不应小于 2.5m，埋入非混凝土地面的深度不应小于 100mm。

（2）单芯电缆应采用非磁性材料制成的保护管，多芯电缆采用金属保护管时，应有效接地，金属管管口要做胀口处理。

（3）保护管上口用防火材料做好密封处理。

3. 工艺示范

电缆登杆（塔）/引上敷设见图 6-4-2～图 6-4-4，电缆保护管安装见图 6-4-5。

图 6-4-2 电缆登杆（塔）/引上敷设（一）

图 6-4-3 电缆登杆（塔）/引上敷设（二）

图 6-4-4 电缆登杆（塔）/引上敷设（三）

图 6-4-5 电缆保护管安装

4. 设计图例

电缆上杆/塔敷设见图6-4-6。

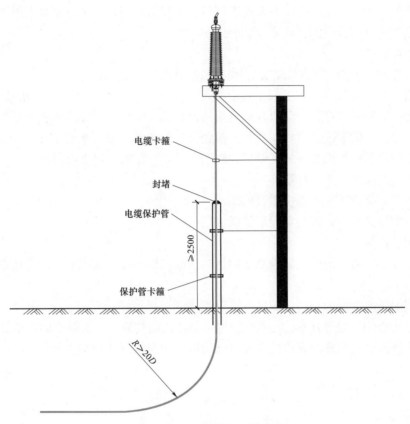

电缆卡箍

封堵

电缆保护管

≥2500

保护管卡箍

R≥20D

图6-4-6　电缆上杆/塔敷设

第五节　水底电缆敷设施工

1. 工艺流程

1.1　工艺流程图

水底电缆敷设施工工艺流程见图6-5-1。

1.2　关键工序控制

1.2.1　水底电缆敷设准备

（1）接缆可采用整体吊装或过缆方式，具体方式事先应由订货方、施工方与厂方共同商定。

（2）接缆实施前编制专项施工方案，改装或租用有关施工设备，培训相关人员，组织专项应急演练。

（3）进行接缆交接，完成光缆衰减（仅适用于复合海缆）、导体电阻、绝缘电阻、长度测量等交接试验。

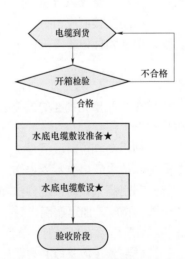

电缆到货

开箱检验 → 不合格

合格

水底电缆敷设准备★

水底电缆敷设★

验收阶段

图6-5-1　水底电缆敷设施工工艺流程图

1.2.2 水底电缆敷设

（1）根据设计方案向海堤和滩涂主管部门提交过堤施工方案和相关预案，办理施工许可。

（2）检查施工装备，对相关人员做好施工交底。

（3）进行两登陆端沟槽开挖和孔洞施工，做好相关防台防汛措施，在合适的气象条件下实施登陆作业。

（4）登陆作业完成后，在过堤区域按要求进行可靠的封堵和恢复，对电缆路由中埋深达不到要求的地方进行冲埋，沿线重点区域根据设计要求加装保护盖板。

1.2.3 水底电缆水中敷设

（1）编制施工方案，检查施工装备，对相关人员做好施工交底。

（2）根据敷设方式确定适合的施工船及敷设机具，抛埋方式宜采用布缆机、入水槽及张力控制设备，确保电缆敷设速度适宜并避免打扭，深埋方式宜采用退扭架、布缆机、导缆笼和埋设犁进行施工。施工船应确保动力、定位、通信等设备良好，相关人员经必要的培训，掌握水底电缆敷设相关技术要求。

（3）布放主牵引钢缆，组织主要施工船只在施工水域进行试航，建立航行定位测控网络，掌握当地水文气象条件，并根据应急预案进行演练。

（4）在合适的气象条件下实施水中敷设施工。

（5）水底电缆敷设完成后，进行敷设后试验。

1.2.4 水底电缆附属设施

（1）根据设计要求向海事部门申请设立禁锚区，在通过海事部门批准后，方可在岸边适当位置设置禁锚牌。

（2）水底电缆登陆滩涂后的路由位置处应设立指示牌或指示桩。

（3）瞭望塔选址宜选择视野开阔、临近水底电缆登陆点的位置，施工前应向堤防管理部门办理施工许可。瞭望塔应安排值班人员看护管理，并制定值班制度和事故应急预案。

2. 工艺标准

2.1 水底电缆接缆运输

（1）一般规格的水底电缆采用垂直盘绕方式储存在特制电缆盘上。大长度水底电缆采用水平圈绕方式储运，配备特制缆圈和退扭架，圈绕半径、侧压力、退扭方式、退扭高度等技术参数严格按照厂方要求进行控制。

（2）接缆前厂方应提供水底电缆规格和长度、出厂试验数据、软接头位置和标记方式，以及装船方式和相关参数、照片等信息，以便妥善安排接缆事宜。

（3）接缆交接时应由订货方、施工方与厂方共同见证，并进行必要的交接试验，核对电缆规格和交货长度，确定和标记软接头位置。

2.2 水底电缆登陆敷设

（1）按照经事先批准的过堤方式做好两登陆端沟槽开挖和孔洞施工，并采取措施确保整个施工期间的防台防汛工作。

（2）利用高潮位时段漂浮法和机械牵引相结合方式选择长滩涂端进行始端登陆，登陆施工中应采取必要措施保护水底电缆不受损伤。

（3）利用高潮位时段漂浮法和机械牵引相结合方式进行末端登陆。末端登陆应选择尽可能接近登陆点的位置，将施工船可靠固定后，在适当的气象条件下将水底电缆按照实际需要的长度切断封端，绑扎浮球后以Ω形漂浮在水面上，然后在漂浮状态下牵引至登陆点。

（4）登陆施工应采取必要措施保证水底电缆弯曲半径符合要求、铠装不打扭、外护层不受损伤，并应密切注意气象情况，避免船只发生不可控移位而导致水底电缆损伤。

（5）登陆施工应确保按照设计路由和埋深施工，施工完成后应邀请海堤和滩涂主管部门参与验收。

2.3 水底电缆水中敷设

（1）水中敷设施工应选择合适的气象条件，提前向海事部门办理水上施工许可并采取必要的航行通告或通航管制措施。

（2）选择适合的施工船及敷设机具。

（3）完成详细路由探测和扫海工作，用驳船进行敷设施工时还应事先布放主牵引钢缆，并做到定位精确、锚固可靠，满足水中敷设要求。

（4）水底电缆敷设位置应采用 GPS 坐标进行实时精确记录，并随时调整船位以确保按照设计路由敷设，电缆软接头位置应详细记录并标记在水底电缆敷设资料上。

（5）水底电缆敷设过程中应保持合适的敷设速度，采取措施确保其入水角度在合适范围，以免电缆承受张力过大。

（6）水底电缆敷设完成后，应测试导体电阻、绝缘电阻、光纤衰减、电缆长度等相关重要参数，以验证电缆在施工中是否受损。

2.4 水底电缆附属设施

（1）水底电缆安装后，为了防止来往船只抛锚，应在水底电缆路由区域设立禁锚区，并在河道两侧岸边设立禁锚牌，禁锚牌上应装设 LED 灯，确保夜间过往船只能有效辨识禁锚区。

（2）水底电缆水中路由区域禁止船只抛锚，滩涂路由区域禁止设立永久性建筑物。

（3）对于重要的水底电缆线路，应建造瞭望塔，并配备雷达、望远镜、高频电话等设施，必要时还可设置护缆船进行日常巡检和应急处理。

3. 工艺示范

水底电缆接缆运输见图 6-5-2，水底电缆登陆敷设见图 6-5-3~图 6-5-5，水底电缆水中敷设图 6-5-6~图 6-5-8。

图 6-5-2　水底电缆接缆运输

图 6-5-3　水底电缆登陆敷设（一）

图 6-5-4　水底电缆登陆敷设（二）

图 6-5-5　水底电缆登陆敷设（三）

图 6-5-6　水底电缆水中敷设（一）

图 6-5-7　水底电缆水中敷设（二）

图 6-5-8　水底电缆水中敷设（三）

第 7 章

高压电缆附件安装

第一节　交联电缆预制式中间接头安装（35kV 及以下）

本节适用于 35kV 及以下交联电缆预制式中间接头安装。

1. 工艺流程

1.1　工艺流程图

交联电缆预制式中间接头安装（35kV 及以下）施工工艺流程见图 7-1-1。

1.2　关键工序控制

1.2.1　施工准备

（1）核对附件材料、施工器具齐全、完好，布置材料、工器具放置场地。

（2）对安装区域温度、湿度、清洁度进行控制，配置通风、照明、消防设备。

1.2.2　电缆护套及铠装层的剥切

（1）护套使用刀具环切，切入深度宜不超过外护套厚度 1/2。

（2）沿电缆铠装圆周绑扎扎线，使用钢锯锯入应不超过铠装厚度 2/3，铠装毛刺应打磨去除。

（3）根据工艺要求固定电缆分隔木，分开三相线芯时，不可硬行弯曲，以免铜屏蔽层褶皱、变形。

1.2.3　金属屏蔽层的处理

（1）如为铜带屏蔽电缆，使用 PVC 胶带或恒力弹簧沿铜带屏蔽圆周做断口标记，沿标记撕断铜带屏蔽。

（2）如为铜丝屏蔽电缆，使用铜扎线沿铜丝屏蔽圆周绑扎，沿扎线向后翻转。

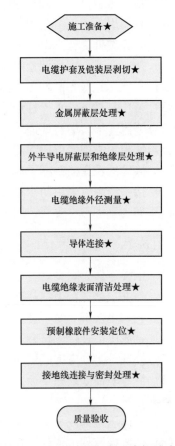

図 7-1-1　交联电缆预制式中间接头安装
（35kV 及以下）施工工艺流程图

1.2.4　外半导电屏蔽层和绝缘层处理

（1）外半导电屏蔽层处理，使用刀具环切后沿电缆轴向划两道，刀具切除深度不应超过半导电屏蔽层厚度的 1/2，将外半导电屏蔽层分别从末端剥除，对于外半导电屏蔽层不可剥离的电缆，宜使用玻璃片刮除。

（2）绝缘切除时先使用电工刀环切电缆绝缘，再做两道纵向切割，注意不能伤到导体线芯，顺着线芯绞合方向剥除电缆绝缘。

（3）绝缘表面应使用砂纸打磨光滑，打磨时先用粗砂纸再用细砂纸。

（4）电缆绝缘打磨不可碰触半导电屏蔽层。

(5) 电缆绝缘与半导电屏蔽层断口处打磨，应使用砂纸手工打磨，打磨由绝缘部分向半导电屏蔽层方向打磨，打磨一次后的砂纸不可再次打磨绝缘部分。

1.2.5 电缆绝缘外径测量

绝缘处理后直径应满足工艺要求，绝缘表面处理光洁、对称。

1.2.6 导体连接

(1) 压接前将预制橡胶件及附件套入电缆长端。

(2) 压接前应核对连接管尺寸与电缆导体尺寸，选用适配导体截面的连接管。

(3) 压接应从压接管中间向两边对称压接，压接模数、压力值应符合工艺要求。

(4) 压接达到一定压力或合模后，保持压力 $10\sim15s$。

(5) 压接管飞边、毛刺应处理平滑，压接延伸量、压接管及电缆直线度应符合工艺要求。

1.2.7 电缆绝缘表面清洁处理

(1) 电缆绝缘表面清洁处理应使用无水溶剂，从绝缘部分向半导电屏蔽层方向清洁。

(2) 清洁纸应沿绝缘部分向半导电屏蔽层方向清洁，擦过半导电屏蔽层的清洁纸不得擦拭绝缘层，也不得重复使用。

1.2.8 预制橡胶件安装定位

(1) 按照工艺要求标记预制橡胶件定位基准点。

(2) 在电缆绝缘表面均匀涂抹硅油或硅脂。

(3) 将预制橡胶件置于标记位置，使预制橡胶件安装在正确位置。

1.2.9 接地线连接与密封处理

(1) 使用恒力弹簧或锡焊的方法将铠装与接地线、金属屏蔽与接地线进行连接。

(2) 接地线应压接铜端子后，与接地系统连接。

(3) 接头密封宜采用防水带和热缩管方式。

(4) 如为直埋敷设方式，应加装接头保护盒。

2. 工艺标准

(1) 电缆本体外观良好，无受潮，电缆绝缘偏心度无明显偏差。

(2) 附件规格应与电缆规格一致。

(3) 剥切电缆护套时不得损伤下一层结构，护套断口应均匀整齐，不得有尖角及缺口。

(4) 金属屏蔽连接应符合工艺要求。

(5) 处理外半导电屏蔽层时，严禁伤及电缆绝缘。

(6) 绝缘表面处理完毕后，电缆绝缘表面不得留有半导电颗粒，打磨过外半导电屏蔽层的砂纸不应再打磨绝缘层。

(7) 导体压接前应去除导体和连接管内壁油污及氧化层，压接后压接管表面应保持光洁无毛刺。

(8) 预制橡胶件定位前应在接头两侧做定位标记，并均匀涂抹硅油。

(9) 直埋接头应有防止机械损伤、防止水分渗入的保护结构或外设保护盒。

(10) 电缆两侧铠装应分别连接良好，不得中断。

(11) 密封热缩管热缩前，外护套端部应打磨粗糙，保证热缩管与外护套搭接长度符合工艺要求。

3. 工艺示范

绝缘和半导电层断口打磨、导体压接等分别见图 7-1-2～图 7-1-5。

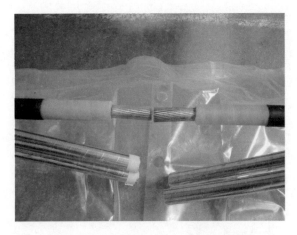

图 7-1-2　绝缘和半导电层断口打磨

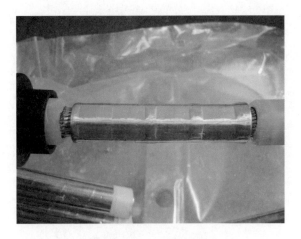

图 7-1-3　导体压接

图 7-1-4　预制橡胶件安装

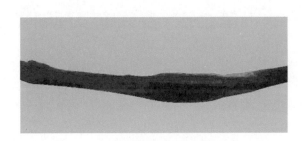

图 7-1-5　成品示例

4. 设计图例

（1）中间接头托架见图 7-1-6。

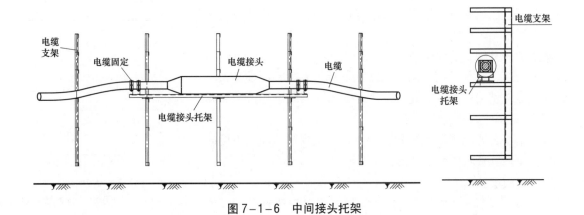

图 7-1-6　中间接头托架

（2）半导电断口处理见图 7-1-7。

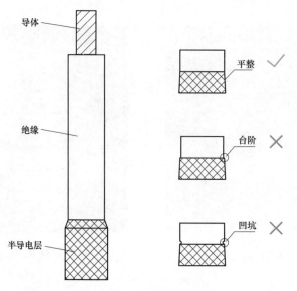

图 7-1-7 半导电断口处理

第二节 交联电缆预制式终端安装（35kV 及以下）

本节适用于 35kV 及以下交联电缆预制式终端安装。

1. 工艺流程

1.1 工艺流程图

交联电缆预制式终端安装(35kV 及以下)施工工艺流程见图7-2-1。

1.2 关键工序控制

1.2.1 施工准备

（1）核对附件材料必须满足设计图纸要求、与电缆规格相同，附件数量齐全、完好，出厂质量证明文件齐全；施工器具齐全、完好，布置材料、工器具放置场地。

（2）对安装区域温度、湿度、清洁度进行控制，配置通风、照明、消防设备。

1.2.2 电缆护套及铠装层的剥切

（1）护套使用刀具环切，切入深度宜不超过外护套厚度1/2。

（2）沿电缆铠装圆周绑扎扎线，使用钢锯锯入应不超过铠装厚度2/3，铠装毛刺应打磨去除。

（3）根据工艺要求固定电缆分隔木，分开三相线芯时，不可硬行弯曲，以免铜屏蔽层褶皱、变形。

1.2.3 金属屏蔽层处理

（1）如为铜带屏蔽电缆，使用 PVC 胶带或恒力弹簧沿铜带屏蔽圆周做断口标记，沿标记撕断铜带屏蔽。

（2）如为铜丝屏蔽电缆，使用铜扎线沿铜丝屏蔽圆周绑扎，沿扎线向后翻转。

（3）填充密封带材，安装分支手套、绝缘保护管，并在端口绕包防水密封胶。

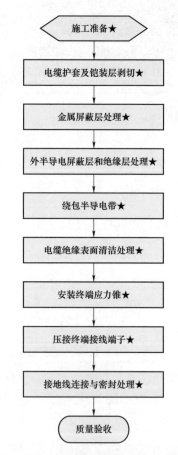

图 7-2-1 交联电缆预制式终端安装（35kV 及以下）施工工艺流程图

1.2.4 外半导电屏蔽层和绝缘层的处理

（1）外半导电屏蔽层处理，使用刀具环切后沿电缆轴向划两道，刀具切除深度不应超过半导电屏蔽层厚度的 1/2，将外半导电屏蔽层分别从末端剥除，对于外半导电屏蔽层不可剥离的电缆，宜使用玻璃片刮除。

（2）绝缘切除时先使用电工刀环切电缆绝缘，再做两道纵向切割，注意不能伤到导体线芯，顺着线芯绞合方向剥除电缆绝缘。

（3）绝缘表面应使用砂纸打磨光滑，打磨时先用粗砂纸再用细砂纸。

（4）电缆绝缘打磨不可碰触半导电屏蔽层。

（5）电缆绝缘与半导电屏蔽层断口处打磨，应使用砂纸手工打磨，打磨由绝缘部分向半导电屏蔽层方向打磨，打磨一次后的砂纸不可再次打磨绝缘部分。

1.2.5 绕包半导电带

使用半导电带从金属屏蔽层端部前 2mm 处开始，绕包成一定宽度与厚度的台阶，半导电台阶的宽度与厚度均应满足工艺要求。

1.2.6 电缆绝缘表面清洁处理

（1）电缆绝缘表面清洁处理应使用无水溶剂，从绝缘部分向半导电屏蔽层方向清洁。

（2）清洁纸应沿绝缘部分向半导电屏蔽层方向清洁，擦过半导电屏蔽层的清洁纸不得擦拭绝缘层，也不得重复使用。

1.2.7 安装终端应力锥

（1）按照工艺要求标记应力锥定位基准点。

（2）将应力锥置于标记位置，检查应力锥位置是否正确。

（3）在电缆绝缘表面均匀涂抹硅油或硅脂。

（4）如使用肘型预制橡胶件，将终端预制橡胶件推入电缆，使电缆导体从终端预制橡胶件顶部露出，直至终端预制橡胶件与绕包的半导电带接触良好为止。

1.2.8 压接终端接线端子

（1）压接前应核对接线端子尺寸与电缆导体尺寸，选用适配导体截面的接线端子。

（2）压接应从上至下，压接模数、压力值应符合工艺要求。

（3）压接达到一定压力或合模后，保持压力 10～15s。

（4）接线端子飞边、毛刺应处理平滑，压接延伸量、接线端子及电缆直线度应符合工艺要求。

1.2.9 接地线连接与密封处理

（1）使用恒力弹簧或锡焊的方法将铠装与接地线、金属屏蔽与接地线进行连接。

（2）接地线应压接铜端子后，与接地系统连接。

（3）金属屏蔽接地线与铠装接地线分别接地。

（4）接头密封宜采用防水带和热缩管方式。

2. 工艺标准

（1）电缆本体外观良好，无受潮，电缆绝缘偏心度无明显偏差。

（2）检查附件规格与电缆规格是否一致。

（3）剥切电缆护套时不得损伤下一层结构，护套断口要均匀整齐，不得有尖角及缺口。

（4）处理外半导电屏蔽层时严禁伤及电缆绝缘。

（5）金属屏蔽接地线与铠装接地线分别接地。

（6）绝缘表面处理完毕后，电缆绝缘表面不得留有半导电颗粒，打磨过外半导电屏蔽层的砂纸不应再打磨绝缘层。

（7）导体压接前应去除导体和接线端子内壁油污及氧化层，压接后接线端子表面应保持光洁无毛刺。

(8) 应力锥定位前应做定位标记，并均匀涂抹硅油或硅脂。

(9) 电缆终端头处，电缆铠装、金属屏蔽层应使用接地线分别引出，并接地良好。

(10) 应力锥下口与电缆应保持大于100mm的直线距离。

(11) 电缆终端做统一、规范的相色标示，且与系统的相位一致。

(12) 单芯电缆或分相后的各相终端的固定不应形成闭合的铁磁回路，固定处应加装衬垫。

(13) 电缆终端至少应进行两处固定，第一处固定应靠近分支手套根部，单芯电缆第一处固定应靠近绝缘缩管根部。

(14) 密封热缩管热缩前，外护套端部应打磨粗糙，保证热缩管与外护套搭接长度符合工艺要求。

3. 工艺示范

绝缘和半导电层断口打磨、导体压接等分别见图7-2-2～图7-2-4。

图7-2-2 绝缘和半导电层断口打磨

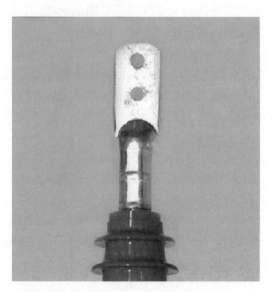

图7-2-3 导体压接

图7-2-4 预制式终端成品示例

4. 设计图例

(1) 户外终端固定见图7-2-5。

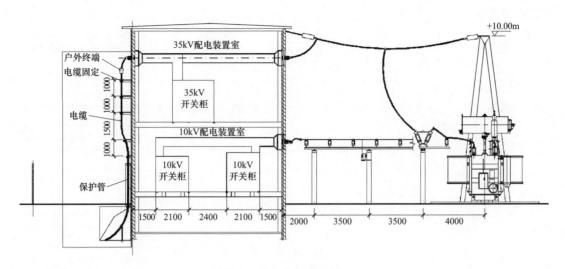

图7-2-5　户外终端固定

（2）半导电断口处理见图7-2-6。

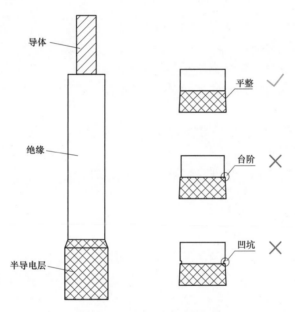

图7-2-6　半导电断口处理

第三节　交联电缆预制式中间接头安装（110kV 及以上）

本节适用于 110kV 及以上交联电缆预制式中间接头安装。

1. 工艺流程

1.1　工艺流程图

交联电缆预制式中间接头安装（110kV 及以上）施工工艺流程见图 7-3-1。

1.2 关键工序控制

1.2.1 施工准备

（1）核对附件材料必须满足设计图纸要求、与电缆规格相同，附件数量齐全、完好，出厂质量证明文件齐全；施工器具齐全、完好，布置材料、工器具放置场地。检查电缆相位及标识正确，外护套耐压试验合格。

（2）搭设接头工棚，对安装区域温度、湿度、清洁度进行控制，接头区域配置通风、照明、消防设备。

1.2.2 电缆外护套及金属护套处理

（1）应按工艺要求确定外护套、金属护套剥切点，切刀切入深度不应超过其厚度的 2/3。

（2）按照工艺要求，剥除电缆外护套表面外电极。

（3）金属护套口毛刺应打磨去除，并进行胀口处理。

1.2.3 电缆加热校直处理

（1）电缆加热温度和时间符合工艺要求。

（2）电缆校直应采用角钢等有较强硬度的校直装置进行校直，直至电缆冷却，并对电缆直线度进行测量。

1.2.4 外半导电屏蔽层和绝缘层处理

（1）用剥离器和玻璃片剥除电缆绝缘及外半导电屏蔽层，在主绝缘和外半导电屏蔽层之间形成锥形过渡。锥形过渡应有一定长度，且平滑。

（2）用玻璃片去掉绝缘表面的残留、刀痕、凹坑，使其光滑，锥形过渡部分应平滑。

（3）电缆绝缘表面进行打磨抛光处理时，应按照由粗到细的顺序进行打磨，打磨过外半导电屏蔽层的砂纸不应再打磨绝缘。

（4）打磨完成后进行光洁度检查。

1.2.5 电缆绝缘外径测量

（1）测量绝缘直径，至少选择三个测量点，每个测量点应在 X 轴、Y 轴方向至少测两次。

（2）绝缘直径应满足工艺要求尺寸范围，且 X 轴、Y 轴方向直径差宜小于 1mm。

1.2.6 预制橡胶件套入

（1）将电缆附件及预制橡胶件套入电缆本体。

（2）检查预制橡胶件，应无杂质、裂纹。

1.2.7 导体连接及金属屏蔽罩安装

（1）检查压接模具和压接钳与导体尺寸匹配。

（2）应从压接管中间往两边对称压接，压接模数、压力值应符合工艺要求。

（3）压接管飞边、毛刺应处理平滑，压接延伸量、压接管及电缆直线度应符合工艺要求。

（4）屏蔽罩外径不得超过电缆绝缘外径。

1.2.8 电缆绝缘表面清洁处理

清洁纸应沿绝缘部分向半导电屏蔽层方向清洁，擦过半导电屏蔽层的清洁纸不得擦拭绝缘层，也不得重复使用。

1.2.9 预制橡胶件安装定位

（1）应以屏蔽罩中心为基准确定预制橡胶件的最终安装位置，并做好标记。

（2）电缆绝缘表面宜使用电吹风进行清洁，吹干后在电缆绝缘表面均匀涂抹硅油或硅脂。

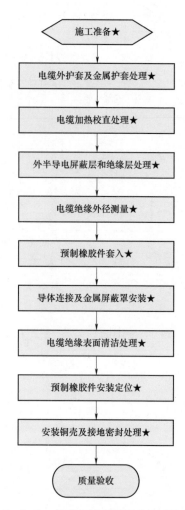

图 7-3-1 交联电缆预制式中间接头安装（110kV 及以上）施工工艺流程图

（3）将预制橡胶件安装到正确位置，定位完毕应擦去多余的硅油或硅脂。

1.2.10 安装铜壳及接地密封处理

（1）恢复外半导电屏蔽层及金属护套的连接，完成接头铜壳与金属护套的密封处理。

（2）按照工艺要求连接接地电缆或同轴电缆。

2. 工艺标准

（1）电缆本体外观良好，无受潮，电缆绝缘偏心度无明显偏差。

（2）电缆校直后，弯曲度应不大于 2mm/600mm。

（3）电缆护层无损伤，护套断口均匀整齐，无尖角及豁口。

（4）电缆绝缘打磨不可碰触半导电屏蔽层。

（5）电缆绝缘与半导电屏蔽层断口处打磨，应使用砂纸手工打磨，打磨由绝缘部分向半导电屏蔽层方向打磨，打磨一次后的砂纸不可再次打磨绝缘部分。

（6）打磨后绝缘层直径符合工艺过盈配合要求，绝缘表面处理应光洁、对称。

（7）绝缘屏蔽层断口处应形成锥形过渡，光洁平滑。

（8）导体压接前应去除导体和压接管内壁油污及氧化层，压接后压接管表面应保持光洁无毛刺。

（9）导线压接达到一定压力或合模后，保持压力 10～15s。

（10）导体压接后，压接管表面应保持光洁、无毛刺。

（11）压接后应检查电缆直线度。

（12）接地线锡焊应牢固、平整无毛刺。

（13）接头铜壳与金属护套宜用焊接方式连接良好、外形美观。

（14）电缆中间接头铜壳防水密封良好。

（15）灌注胶灌注前按照工艺要求进行充分搅拌。

（16）电缆接头刚性固定符合设计要求。

（17）交叉互联用同轴电缆的内外芯应一致、交叉互联电缆跨接方向应统一。

（18）同轴电缆本体与电缆接头附件连接处的密封防水措施应良好。

（19）接地箱、交叉互联箱的箱体应有接线图和铭牌，金属箱体应接地可靠。

（20）接地箱、交叉互联箱体安装牢固、密封良好，箱体表面光洁、无划痕、标识正确、清晰。

3. 工艺示范

绝缘和半导电层断口打磨、导体压接等分别见图 7-3-2～图 7-3-5。

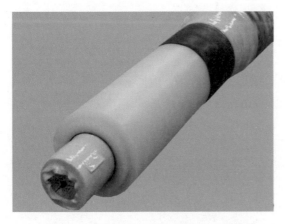

图 7-3-2 绝缘和半导电层断口打磨

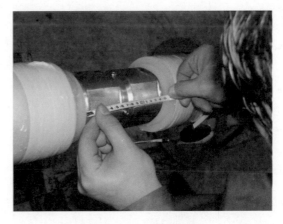

图 7-3-3 导体压接

图7-3-4 屏蔽罩安装

图7-3-5 成品示例

4. 设计图例

（1）中间接头固定见图7-3-6。

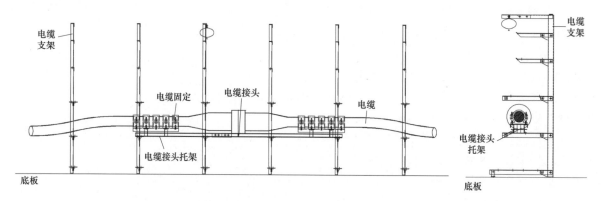

图7-3-6 中间接头固定

（2）半导电断口处理见图7-3-7。

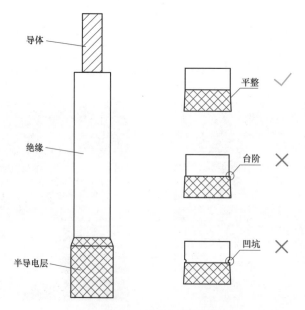

图7-3-7 半导电断口处理

第四节　交联电缆预制式终端安装（110kV 及以上）

本节适用于 110kV 及以上交联电缆预制式终端安装。

1. 工艺流程

1.1 工艺流程图

交联电缆预制式终端安装（110kV 及以上）施工工艺流程见图 7-4-1。

1.2 关键工序控制

1.2.1 施工准备

（1）核对附件材料必须满足设计图纸要求、与电缆规格相同，附件数量齐全、完好，出厂质量证明文件齐全；施工器具齐全、完好，布置材料、工器具放置场地。检查电缆相位及标识正确，外护套耐压试验合格。

（2）搭设接头工棚，对安装区域温度、湿度、清洁度进行控制，接头区域配置通风、照明、消防设备。

1.2.2 电缆外护套及金属护套处理

（1）应按工艺要求确定外护套、金属护套剥切点，切刀切入深度不应超过其厚度的 2/3。

（2）按照工艺要求，剥除电缆外护套表面外电极。

（3）金属护套口毛刺应打磨去除，并进行胀口处理。

1.2.3 电缆加热校直处理

（1）电缆加热温度和时间符合工艺要求。

（2）电缆校直应采用角钢等有较强硬度的校直装置进行校直，直至电缆冷却，并对电缆直线度进行测量。

1.2.4 外半导电屏蔽层和绝缘层处理

（1）用剥离器和玻璃片剥除电缆绝缘及外半导电屏蔽层，在主绝缘和外半导电屏蔽层之间形成锥形过渡。锥形过渡应有一定长度，且平滑。

（2）用玻璃片去掉绝缘表面的残留、刀痕、凹坑，使其光滑，锥形过渡部分应平滑。

（3）电缆绝缘表面进行打磨抛光处理时，应按照由粗到细的顺序进行打磨，打磨过外半导电屏蔽层的砂纸不应再打磨绝缘。

（4）打磨完成后进行光洁度检查。

1.2.5 电缆绝缘表面清洁

清洁纸应沿绝缘部分向半导电屏蔽层方向清洁，擦过半导电屏蔽层的清洁纸不得擦拭绝缘层，也不得重复使用。

1.2.6 导体压接

（1）检查压接模具和压接钳与导体尺寸匹配。

（2）压接应从上向下，压接模数、压力值应符合工艺要求。

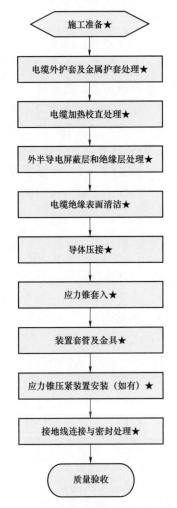

图 7-4-1　交联电缆预制式终端安装（110kV 及以上）施工工艺流程图

（3）压接杠飞边、毛刺应处理平滑，压接延伸量、压接杠及电缆直线度应符合工艺要求。

1.2.7 应力锥套入

（1）套入应力锥前应测量绝缘直径，至少选择三个测量点，每个测量点应在 X 轴、Y 轴方向至少测两次。

（2）绝缘直径应满足工艺要求尺寸范围，且 X 轴、Y 轴方向直径差宜小于 1mm。

（3）检查应力锥，应无杂质、裂纹。

（4）电缆绝缘表面宜使用电吹风进行清洁，吹干后在电缆绝缘表面均匀涂抹硅油或硅脂。

（5）将应力锥安装到正确位置，定位完毕应擦去多余的硅油或硅脂。

1.2.8 安装套管及金具

（1）检查套管内壁及外观无损伤。

（2）吊装套管至终端底板，检查套管内壁无伤痕、杂质，复核应力锥位置。

1.2.9 应力锥压紧装置安装

（1）根据工艺要求调节弹簧尺寸。

（2）检查弹簧变形长度、弹簧伸缩顺畅。

1.2.10 接地线连接与密封处理

（1）恢复外半导电屏蔽层及金属护套的连接，完成接头尾管与金属护套的密封处理。

（2）按照工艺要求连接接地电缆。

（3）金属护套绝缘带绕包应完整良好，金属护套与保护器之间连接线应采用接地电缆。

2. 工艺标准

（1）电缆本体外观良好，无受潮，电缆绝缘偏心度无明显偏差。

（2）终端安装区域，应搭建脚手架，对接头区域温度、湿度、清洁度进行控制。

（3）电缆校直后，弯曲度应不大于 2mm/600mm。

（4）电缆护层无损伤，护套断口均匀整齐，无尖角及豁口。

（5）电缆绝缘打磨不可碰触半导电屏蔽层。

（6）电缆绝缘与半导电屏蔽层断口处打磨，应使用砂纸手工打磨，打磨由绝缘部分向半导电屏蔽层方向打磨，打磨一次后的砂纸不可再次打磨绝缘部分。

（7）打磨后绝缘层直径符合工艺过盈配合要求，绝缘表面处理应光洁、对称。

（8）绝缘屏蔽层断口处应形成锥形过渡，光洁平滑。

（9）导体压接前应去除导体和压接杠内壁油污及氧化层，压接后压接杠表面应保持光洁无毛刺。

（10）导线压接达到一定压力或合模后，保持压力 10～15s。

（11）导体压接后，压接杠表面应保持光洁、无毛刺。

（12）压接后应检查电缆与压接杠直线度。

（13）接地线锡焊应牢固、平整无毛刺。

（14）接头尾管与金属护套密封应对称、密实。

（15）套管两端防水密封良好。

（16）如 GIS 终端头，应与设备终端具有符合工艺要求的接口装置，其连接金具应配套。

（17）电缆终端底座应受力均匀、固定牢靠，电缆终端外观应洁净、完整，无裂纹、损伤、渗漏。

（18）平台上电缆终端安装面应水平，并列安装的电缆终端头三相中心应在同一直线上。

（19）终端金属尾管应采用专用接地端子与接地线（网）连接。

（20）接地箱、交叉互联箱的箱体应有接线图和铭牌，金属箱体应接地可靠，箱体应采用非铁磁性材料。

（21）接地箱、交叉互联箱体安装牢固、密封良好，箱体表面光洁、无划痕，标识正确、清晰。

3. 工艺示范

导体压接、应力锥定位等分别见图 7-4-2～图 7-4-7。

图 7-4-2 导体压接

图 7-4-3 应力锥定位

图 7-4-4 应力锥压紧装置安装

图 7-4-5 密封处理

图 7-4-6 户外终端示例

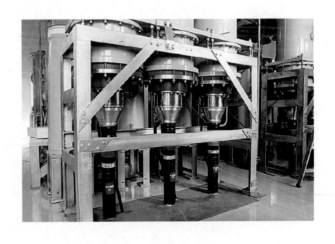

图 7-4-7 GIS 终端示例

4. 设计图例

（1）GIS 终端固定见图 7-4-8。

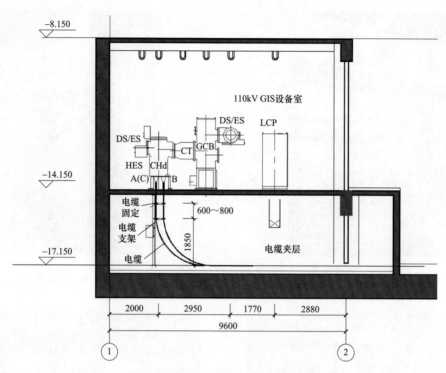

图 7-4-8　**GIS 终端固定**

（2）户外终端固定见图 7-4-9。

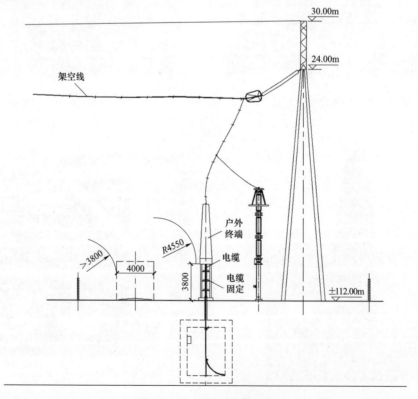

图 7-4-9　户外终端固定

(3）半导电断口处理见图 7-4-10。

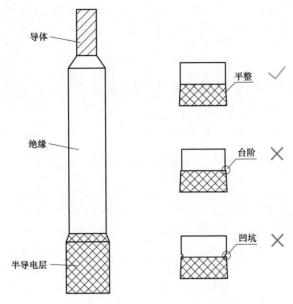

图 7-4-10　半导电断口处理

第8章

高压电缆防火、防水封堵

第一节 高压电缆防火封堵

本节适用于电缆进出构筑物、穿越隔墙、楼板的孔洞处及隧道、竖井、大型排管或重要回路的电缆沟等有特殊防火要求的地域进行的封堵施工。

1. 工艺流程

1.1 工艺流程图

高压电缆防火封堵施工工艺流程见图 8－1－1。

1.2 关键工序控制

1.2.1 施工准备

(1) 勘察防火封堵现场，选择最优的封堵方式，准备充足的防火材料。

(2) 清洁封堵孔洞及该处电缆表面，做好安全防护措施。

1.2.2 安装防火隔板

(1) 安装前应检查隔板外观质量。

(2) 使用专用挂钩螺栓固定隔板。

(3) 隔板间连接应使用螺栓固定，应搭接 50mm，安装的工艺缺口及缝隙较大部位应使用有机防火堵料封堵严实。

(4) 使用隔板封堵孔洞时应固定牢固，固定方法符合工艺要求。

(5) 防火隔板必须采用非导磁、耐候性良好的材料。

1.2.3 填充阻火包

(1) 电缆周围包裹有机防火堵料。

(2) 检查阻火包无破损，使用阻火包交叉堆砌在电缆空隙中。

(3) 如果使用阻火包构筑阻火墙，阻火墙底部应使用砖砌筑支墩，设有排水孔，并采取阻坍塌固定措施。

1.2.4 浇筑无机防火堵料

(1) 孔洞面积大于 0.2m²，且行人的地方应采取加固措施。

(2) 使用无机防火堵料构筑阻火墙，采用预制或现浇，自下而上砌作或浇制。预制型阻火墙，表面应使用无机防火堵料进行粉刷。

(3) 阻火墙应设置在电缆支（托）架处，构筑牢固，并应设电缆预留孔，底部设排水孔洞。

1.2.5 包裹有机防火堵料

(1) 有机防火堵料密实嵌于需封堵的孔隙中。

(2) 按工艺要求在电缆周围包裹一层有机防火堵料时，应包裹均匀密实。

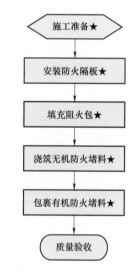

图 8－1－1 高压电缆防火封堵
施工工艺流程图

（3）隔板与有机防火堵料配合封堵，防火堵料应略高于隔板，高出部分宜形状规则。

（4）在阻火墙两侧电缆处，有机防火堵料与无机防火堵料封堵应平整。

（5）电缆预留孔和电缆保护管两断口，使用有机堵料封堵严实。填料嵌入管口的深度应不小于50mm，预留孔封堵应平整。

2. 工艺标准

（1）对接头两侧电缆直线段和该范围内邻近并行敷设的其他电缆，宜采用防火包带绕包保护。

（2）防火带使用前应清洁电缆表面。

（3）防火带采取半搭盖方式紧密绕包。

（4）防火墙和盘柜、GIS底部、电缆隧道出口处的封堵，防火隔板厚度不宜少于10mm。隧道电缆进入变电站夹层侧及防火墙两侧长度不小于2m内的电缆应涂刷防火涂料或缠绕防火包带。

（5）涂刷防火涂料的厚度不小于1mm，防火涂料不能涂刷到金具及周边设备上。

（6）有机防火堵料密实嵌于需封堵的孔隙中，应包裹均匀、密实。

3. 工艺示范

防火包带、防火封堵分别见图8-1-2和图8-1-3。

图8-1-2　防火包带

图8-1-3　防火封堵

第二节　高压电缆防水封堵

本节适用于电缆进出构筑物、穿越隔墙等有防水要求的地域进行的封堵施工。

1. 工艺流程

1.1　工艺流程图

高压电缆防水封堵施工工艺流程见图8-2-1。

1.2　关键工序控制

1.2.1　施工准备

清洁封堵孔洞及该处电缆表面，做好安全防护措施。

1.2.2　水泥封堵

（1）略微抬起电缆，将阻水带塞入电缆与孔壁间的空隙。

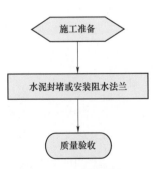

图8-2-1　高压电缆防水
封堵施工工艺流程图

（2）在外墙和内墙电缆四周用封堵水泥进行封堵，封堵时将一塑料管插入内墙封堵水泥中。

（3）使用压制机将灌浆剂从塑料管孔注满电缆与孔壁间的空隙，截断塑料管，用封堵水泥将塑料管孔封堵密实。

1.2.3 安装阻水法兰

（1）变电站电缆隧道与变电站夹层电缆进出线孔隔墙两侧宜安装阻水法兰。

（2）阻水法兰材质为非铁磁性材料，选择适用的尺寸，安装正确、密封严实。

2. 工艺标准

（1）电缆进出线孔两侧电缆宜保持 100mm 以上直线段。

（2）穿墙电缆孔洞应做双面封堵。

（3）封堵密实牢固、平整美观。

3. 工艺示范

防水封堵分别见图 8-2-2 和图 8-2-3。

图 8-2-2　防水封堵（一）

图 8-2-3　防水封堵（二）